Rechtliche Hinweise

Internet Links: In diesem Buch wird als Quellen- und Informationsnachweis auch auf Internet-Links verwiesen. Der Autor hat alle angegebenen Internet-Links sorgfältig geprüft, aber Inhalte und Datenschutz dieser Webseiten liegen nicht in seinem Einfluss; insbesondere können diese Webseiten auch nachträglich noch verändert worden sein.
Die jeweiligen Links sind deshalb mit dem letzten Zugriffsdatum gekennzeichnet.
Der Autor übernimmt ausdrücklich keinerlei Verantwortung oder Haftung für die Inhalte und das Sicherheitsgebaren der hier aufgeführten Internet-Webseiten und für die dort gegebenenfalls genannten weiterführenden Weblinks.

Text und Kernaussagen: Text und Kernaussagen sind die alleinige Meinung des Autors, auch wenn diese zwangsläufig eine geowissenschaftlich geprägte Sicht repräsentieren. Wo auch immer Fremdzitate im Text genutzt worden sind, wird auf eine entsprechende Quellenangabe im Literaturverzeichnis hingewiesen.
Der Autor erklärt ausdrücklich, keinerlei ideelle oder wirtschaftliche Förderung für diese Arbeit erhalten zu haben.

Abbildungen: Alle Abbildungen ohne Referenz hat der Autor selbst angefertigt; gegebenenfalls wird dort auf die Datenquelle hingewiesen. Fremde Abbildungen sind mit einem entsprechenden Verweis auf das Literaturverzeichnis gekennzeichnet.

Einbandfoto: Höfn auf Island   Uli Weber 1998

© 2017

Herstellung und Verlag:

BoD - Books on Demand, Norderstedt

ISBN: 978-3-74483-560-2

Alle Rechte vorbehalten, einschließlich elektronischer und neuer Medien.

Einzige Ausnahmen bilden die gesondert gekennzeichneten Abbildungen 4, 6, 13, 16, 28, 29, 31 und 32, die selbst oder in ihrer Grundfassung gemeinfrei bzw. zur Weitergabe unter gleichen Bedingungen lizenziert sind:

Abb. 4: Klimaveränderungen in der Erdgeschichte, gemeinfrei aus Wikipedia, Autor: Schönwiese, Christian-Dietrich [17]
Abb. 6: Sauerstoffgehalt der Erdatmosphäre im Verlauf der letzten 1.000 Mio. Jahre, gemeinfrei aus Wikipedia, Urheber: LordToran [27]
Abb. 13 enthält: Thermohaline Circulation, Autoren Canuckguy et al., R. Simmon, NASA, R. A. Rohde, Miraceti, Freigegeben unter der „Creative Commons-Lizenz 3.0 Unported" (Namensnennung - Weitergabe unter gleichen Bedingungen) [37] und Earth Global Circulation, gemeifrei aus Wikipedia, Urheber: NASA [38]
Damit ist die Abbildung 13 dieses Buches ebenfalls unter der „Creative Commons-Lizenz 3.0 Unported" freigegeben.
Abb. 16: Das Klima in der geologischen Vorzeit, Autoren Koeppen und Wegener [41], gemeinfrei aus Wikipedia
Abb. 28 und 32: World production forecast aus Wikipedia [62]
Autor Khebab of The Oil Drum, Freigegeben unter License CC-BY-2.5. (Namensnennung - Weitergabe unter gleichen Bedingungen).
Damit ist die Abbildung 32 dieses Buches ebenfalls unter der „Lizenz CC-BY-2.5" freigegeben.
Abb. 29 enthält: Oil Prices 1861-2007 aus Wikipedia [63] created by TomTheHand, Freigegeben unter der „Creative Commons-Lizenz 3.0 Unported" (Namensnennung - Weitergabe unter gleichen Bedingungen).
Damit ist die Abbildung 29 dieses Buches ebenfalls unter der „Creative Commons-Lizenz 3.0 Unported" freigegeben.
Abb. 31 unterlegt: Oil Prices 1970 – 2003, Autor: EIA, gemeinfrei aus Wikipedia [64]

Uli Weber

Klimahysterie gefährdet die Freiheit

Klimawandel

CO_2-Ausstoß

Treibhauseffekt

Solarstrom

Windenergie

Gletscherrückzug

Fossile Kohlenwasserstoffe

Globales Ölfördermaximum

Atomenergie

Artensterben

Die Klimakatastrophe

Katastrophenszenarien haben sich zu den Gelddruckmaschinen der modernen Forschung entwickelt. Der Mainstream der globalen Klimaforschung macht sich gerade zum politischen Gefangenen einer CO_2-Apokalypse, und aus Angst vor der prophezeiten Klimakatastrophe setzen wir unsere Marktwirtschaft außer Kraft. Dabei findet diese Klimakatastrophe vorerst nur in unseren Köpfen statt, denn es geht dabei weniger um den aktuellen CO_2-Ausstoß der Menschheit, als vielmehr um den befürchteten Anstieg dieser Emissionen in der Zukunft.

Immer und zu jeder Zeit wurden der Menschheit Katastrophen vorhergesagt, insofern ist die Klimakatastrophe eigentlich gar nichts Neues. Neu ist eher, dass sich die Protagonisten dieser Katastrophe nicht mehr alter Weissagungen oder plötzlich auftauchender Kometen bedienen, um ihre Thesen unters Volk zu bringen, sondern grob vereinfachender wissenschaftlicher Modellrechnungen. Solche Berechnungen ergeben aber keine eindeutigen Lösungen, sondern Lösungswolken, deren Größe dramatisch anwächst, je weiter man sie in die Zukunft hochrechnet. Die mediale Darstellung dieser Ergebnisse bleibt dann auf plakative Katastrophenszenarien beschränkt und positive Auswirkungen eines möglichen globalen Temperaturanstiegs, allein schon durch eine Verlängerung der Vegetationszeiten in höheren geographischen Breiten, gehen in der monokausalen Panikmache um unseren anthropogenen CO_2-Ausstoß völlig unter.

Die Weltbevölkerung als Ganzes hat riesige Probleme, die sich nicht auf die griffige Formel reduzieren lassen, „Wenn wir den Ausstoß von CO_2 verhindern, wird alles gut!" Die CO_2-Vermeidung um jeden Preis ist eine Wette unzureichender Computermodelle gegen Mutter Erde. Eine Beschränkung auf unseren CO_2-Ausstoß als alleinige Ursache für den Temperaturanstieg seit 1850 lässt die Weltbevölkerung auch in Zukunft völlig ungeschützt gegen alle natürlichen Klimaschwankungen bleiben!

Daher sollten wir das Aufkommen jeglicher Angstgläubigkeit um die vorgebliche Klimakatastrophe vermeiden und unsere begrenzten wirtschaftlichen Mittel in unserer Verantwortung als der „besser verdienende" Teil der Weltbevölkerung nicht nur ökologisch, sondern auch ökonomisch sinnvoll und vorausschauend zum Nutzen aller Menschen auf dieser Erde einsetzen.

Anmerkung zum diesem Buch: Dieses Buch war eigentlich als 3. Auflage von „Klimahysterie ist keine Lösung" (ISBN: 978-3-84480-662-5) geplant.

Die wesentliche Kritik an diesem Buch bezog sich nämlich auf dessen Verkaufspreis. Eine Beschränkung auf durchgängig schwarz-weiße Abbildungen hat es nun ermöglicht, den Preis für dieses Buch deutlich zu senken.

Leider wurde dafür aus technischen Gründen eine neue ISBN-Nummer erforderlich. Zur Unterscheidung wurde der Titel geändert; der Inhalt hat in den vergangenen 5 Jahren (leider) nichts von seiner Aktualität verloren und blieb unverändert.

6. Juni 2017 uw

Uli Weber

Klimahysterie gefährdet die Freiheit

Bibliographische Information der Deutschen Nationalbibliothek:

Die Deutsche Nationalbibliothek verzeichnet diese Publikation in der Deutschen Nationalbibliografie; detaillierte bibliografische Daten sind im Internet über dnb.d-nb.de abrufbar.

Inhalt

Über dieses Buch   9

Vorwort, Motivation, Widmung und Danksagung   11

Das Problem Klimakatastrophe   15

Das dynamische System Erde in Zeit und Raum   32
Übersicht (32) – Die geologische Entwicklung der Erde (34) – Die Klimageschichte der Erde (38) – Die Bedeutung von CO_2 für unser Klima (46) – Der Treibhauseffekt als Klimamotor unserer Erde (56) – Unser Sonnensystem und die Erde (63) – Die Jahreszeiten (71) – Langperiodische natürliche Klimaschwankungen (74) – Konsequenzen aus dem natürlichen Klimageschehen (78)

Der Mensch   82
Entwicklung des Menschen (82) – Beteiligung des Menschen am Klimageschehen (89) – Der anthropogene CO_2-Dreisatz (93) – Der „logistische" Fußabdruck des Menschen (94) – Der menschliche Einfluss auf den natürlichen CO_2-Kreislauf (101)

Über die Ernsthaftigkeit unserer Klimaziele - eine Gesellschaftskritik   104

Konventionelle Energieträger   115
Holz (115) – Kohle (115) – Kohlenwasserstoffe (116) – Atomenergie (116) – Über die Endlichkeit unserer natürlichen Ressourcen am Beispiel des globalen Ölfördermaximums (122)

Die alternativen Energien   **132**
Photovoltaik (132) – Windenergie (134) – Alternative Technologien und deren Auswirkungen auf die Umwelt (137) – Eine Hochrechnung für den Pro-Kopf-Verbrauch der Menschheit (140)

Zusammenfassung für Entscheidungsträger   **141**
Die wesentlichen Ergebnisse dieser Betrachtung (141)
… und die wesentlichen Ergebnisse aus dem Anhang (146)

Fazit   **147**

Perspektive   **166**

Anhang - Eine kritische Betrachtung der Faktenlage zur befürchteten Klimakatastrophe   **180**
[I]: Faktenvergleich (181) – [II]: Eigene Betrachtungen (185) - [III]: Eigene Berechnungen (187) – [IV]: Eigene Ergebnisse (189) – [V]: Versuch einer Annäherung (193)

Einige Erklärungen zu Begriffen und Fachausdrücken   **200**
Die hier aufgeführten Begriffe sind im Fließtext **fett** hervorgehoben

Literaturverzeichnis   **206**

Liste der Abbildungen   **216**

Über dieses Buch

Dieses Buch beleuchtet die wissenschaftlichen und gesellschaftspolitischen Hintergründe der propagierten Klimakatastrophe und kommt zu verblüffenden Ergebnissen. Eigentlich wird diese Klimakatastrophe überhaupt erst möglich, weil ihre Protagonisten die geowissenschaftlichen Erkenntnisse über unser Paläoklima gezielt marginalisieren und gleichzeitig mit ihren Katastrophenszenarien menschliche Urängste vor Veränderungen schüren. Das dabei unterstellte konstante Weltklima ist aber völliger Humbug, denn die einzige wissenschaftlich gesicherte Tatsache für das Erdklima in geologischer Zeit ist die ständige Veränderung! Es scheinen daher erhebliche Zweifel angebracht, ob der wissenschaftliche Erkenntnisgewinn für die Klimaforschung heute wirklich noch im Vordergrund steht oder ob sie sich auf die Verteidigung und Umsetzung ihrer gesellschaftspolitischen Lösungsmodelle zur Vermeidung der von ihr selbst herbeigerechneten Klimakatastrophe reduziert hat.

Dieses Buch stellt die Zwangsläufigkeit der befürchteten Klimakatastrophe in Frage und versucht, die Dimensionen der gegenwärtigen Panikmache in geologischen Zeiträumen zu relativieren. Der Problemfall, wenn er denn einer sein sollte, ist die ganze Erde und diese Erde müssen wir in ihrer fortlaufenden Entwicklungsgeschichte sehen. Diese Entwicklungsgeschichte entzieht sich aber völlig unserem persönlichen Erfahrungshorizont.

Überschlägige Berechnungen zeigen erhebliche Widersprüche in den Grundannahmen für eine monokausale Abhängigkeit unseres Klimas von Kohlendioxid (CO_2) auf und weisen nach, dass sowohl unsere Befürchtungen als auch unsere klimapolitischen Zielsetzungen unrealistisch hoch sind. Geo-realistisch gesehen bleibt von der vermeintlichen Klimakatastrophe am Ende dieser Betrachtung nämlich nur ein möglicher Temperaturanstieg von maximal etwa 1-2 Grad Celsius bis zum Jahre 2100 übrig.

Vielleicht steuern wir also tatsächlich auf eine vom Menschen verursachte klimatische Warmzeit zu, aber bestimmt nicht auf eine Klimakatastrophe - und eine solche Warmzeit ist, in historischen Zeiträumen betrachtet, für bäuerliche Gesellschaften niemals von Nachteil gewesen. Die natürlichen Schwankungen des Weltklimas zu höheren oder niedrigeren Temperaturen werden wir jedenfalls niemals verhindern können; die Menschheit kann sich nur rechtzeitig auf ihre Auswirkungen vorbereiten.

Das Gegenteil von „gut" ist „gut gemeint"! (Murphy?)

Vorwort, Motivation, Widmung und Danksagung

Wenn ich von den Segnungen eines einfachen, ökologischen Lebens höre und lese, dann entstehen in meiner Erinnerung immer die Bilder einheimischer Arbeiter in der Sahara: Sie waren damals so alt wie ich und erschienen mir älter, als ich heute mit 60 Jahren aussehe – und dazwischen liegen etwa 30 Jahre!
Was ist der Unterschied? Ganz einfach nur gesunde Nahrung, Gesundheitsvorsorge und ausreichend Energie zum Kochen und Heizen! Tun wir doch bitte nicht so, als könnten Milliarden von Menschen auf dieser Welt bei einfacher, ökologischer Lebensführung das heutige Durchschnittsalter der Menschen in den Industrienationen erreichen! So ein einfaches und „ökologisches" Leben am Rande des Existenzminimums hat die Mehrheit der Weltbevölkerung nämlich schon! Das ist ein bisschen so wie auf der Titanic, wo die Passagiere der höheren Klassen auch eine bessere Überlebenschance hatten: Wir können unseren Überfluss leicht reduzieren, aber die gleiche Reduktion wäre der Tod für die Hungernden der Welt!

Dieses Buch widme ich meinen Kindern und Enkeln. Ich wünsche mir, dass wir unsere endlichen Ressourcen so sinnvoll einsetzen mögen, dass wir damit allen Kindern und Enkeln auf dieser Erde in der Zukunft ausreichend Nahrung und Energie zur Verfügung stellen können, um ihnen allen ein Leben in Gesundheit, Frieden und Wohlstand zu ermöglichen.

Die antiwissenschaftlichen Erklärungen aus den Reihen der Protagonisten einer Klimakatastrophe, die Diskussion über ebendiese Klimakatastrophe sei bereits abgeschlossen, haben mich mit ihrem absolutistischen Anspruch ausgesprochen ärgerlich gemacht. Ich zähle mich daher ausdrücklich zu denjenigen, die ein Ende der wissenschaftlichen Diskussion über die vermeintliche Klimakatastrophe nicht akzeptieren. In einem fast mittelalterlich zu nennenden intellektuellen Klima, wo die reißerische Wiederholung von monokausalen Halbwahrheiten und Panik erzeugenden Katastrophenszenarien offenbar einen gesellschaftlichen Konsens erzeugt hat, der uns am Ende von der Lösung unserer wirklichen Probleme abhalten wird, halte ich die Veröffentlichung der hier dargestellten Zusammenhänge für außerordentlich wichtig.

Die Beschränkung der Klimabetrachtung auf die Zeit seit Beginn der Industrialisierung, die in etwa mit dem Ende der historisch belegten „kleinen Eiszeit" zusammenfällt, hat nämlich zwangsläufig zu dem Ergebnis geführt, unseren industriellen CO_2-Ausstoß als alleinige Ursache für einen möglichen Klimawandel anzusehen. Die natürlichen Schwankungen unseres Klimas in historischen und erdgeschichtlichen Zeiten zeigen aber eine ganz andere Perspektive auf!

Ich halte es daher für absolut notwendig, endlich auch den Kenntnisstand der Geowissenschaften in die öffentliche Diskussion um eine mögliche Klimakatastrophe einzubringen. Das Urteil, ob meine Mittel ausgereicht haben mögen, um die Problematik, in der unsere westliche Zivilisation momentan gefangen zu sein scheint, aus geowissenschaftlicher Sicht klar und schlüssig darzustellen, überlasse ich gerne dem geneigten Leser.

Ich danke Björn Lomborg, dessen Buch „Cool it" [1] mich dazu motiviert hat, hier meine eher geowissenschaftlich geprägte Sicht der Klimaproblematik niederzuschreiben. Anders als er aus seinem statistisch-ökonomischen Blickwinkel heraus kann ich dem Leser keine fundierten Lösungsansätze anbieten, sondern vielmehr nur den scheinbar gesicherten Erkenntnisstand in Frage stellen. Ich unterstütze aber auch aus meiner persönlichen Sicht seine Prioritätenliste für gesellschaftlich und wirtschaftlich sinnvolle internationale Maßnahmen [1] voll. Hans-Werner Sinn danke ich für die akribische Analyse und Darstellung der internationalen Vereinbarungen zum Handel mit CO_2-Emissionsrechten [2] und Michael Crichton [3] posthum für seine umfangreichen Recherchen zum Klimawandel und seine spitzen Thematisierungen der gesellschaftlichen Aspekte von Hochtechnologie und Welterlösungsdenken.

Mein Fazit: Wenn wir schon eine wirtschaftliche Grundlage benötigen, um in den Industrienationen für weltweit sinnvolle gesellschaftliche und ökologische Maßnahmen Geld einzutreiben, befürworte ich Lomborgs maßvolle CO_2-Steuer von 2 US$ pro Tonne [1]; dann allerdings mit Sinns Forderung [2] nach einer einheitlichen Besteuerung aller Energieträger und das auch nur, wenn mit diesen Mitteln ernsthaft ein Maßnahmenkatalog für eine bessere und gerechtere gemeinsame Welt für alle Menschen auf dieser Erde in Angriff genommen wird!
Es liegt in unserer Verantwortung, wie wir mit unserem Geld umgehen; ausgeben können wir es nur einmal.

Hamburg im März 2012   Uli Weber

Das Problem Klimakatastrophe

Mutter Erde hatte sich in klimatisch günstigen Zeiten einstmals ein paar Säcke Kohle und ein paar Tonnen Erdöl in den Keller gestellt. Wir sind als neugierige Kinder darauf gekommen und verbrauchen diese Ressourcen jetzt ganz ungehemmt. Der Mensch braucht Energie, um in einer natürlichen Umwelt überleben zu können, um sich Nahrung, Kleidung, Gerätschaften und Unterkunft zu verschaffen. Der Mensch benötigt noch viel mehr Energie, wenn er bequem in einer hoch technisierten Welt leben und die Errungenschaften einer hoch entwickelten Gesundheitsvorsorge genießen will. Und die Erzeugung dieser Energie aus fossilen Energieträgern verursacht dann als Verbrennungsrückstand Kohlendioxid (CO_2), das in die Atmosphäre entweicht und zu einer Klimakatastrophe führen soll.

Die vermeintliche Klimakatastrophe basiert aber lediglich auf den stark vereinfachten Modellrechnungen einer vorausschauenden Klimaforschung. Um solche Katastrophenszenarien dann überhaupt begründen zu können, hat sich die moderne Klimaforschung mit ganz eigenartigen Argumenten von der Paläoklimatologie gelöst und sich damit außerhalb der gesicherten geowissenschaftlichen Erkenntnisse positioniert. Den internationalen Durchbruch in der öffentlichen Wahrnehmung einer Klimakatastrophe bezeichnet dann das SPIEGEL-Heft Nr. 33 von 1986 mit einem überfluteten Kölner Dom auf dem Titelblatt.

Die Prophezeiung dieser Katastrophe verlieh der Klimaforschung eine ungeahnte gesellschaftspolitische Bedeutung und fand überraschend schnell Eingang in alle möglichen politischen Programme; schon 1988 wurde der IPCC gegründet und bereits 1997 das Kyoto-Protokoll unterzeichnet. An den Schnittstellen zwischen Wissenschaft, Politik und Medien gehen aber die gemäßigten Klimaszenarien grundsätzlich verloren und folgerichtig fallen damit auch alle positiven Klimaaspekte für mittlere und höhere geographische Breiten völlig aus der öffentlichen Diskussion heraus.

Anmerkung: Aus dem Auftreten alarmistischer Klimaforscher pflegen wir auf die Existenz einer fundierten Klimaforschung zu schließen. Eine vorausschauende Klimaforschung wurde aber überhaupt erst in den 1970-er Jahren mit der parallel dazu verlaufenden Entwicklung moderner Hochleistungscomputer möglich. Wenn man bedenkt, dass ein Hochschulstudium mit Promotion etwa 10 Jahre dauert, dann kann man sich eigentlich nur wundern, wo im Verlauf der 1980-er Jahre ganz plötzlich all die hoch qualifizierten Klimaforscher hergekommen sein mögen, die jetzt seit mehr als 20 Jahren den Medienhype um die Klimakatastrophe mit immer neuen Schreckensszenarien befeuern und dafür gleichzeitig gesellschaftspolitische Lösungssysteme anbieten.

Der Anspruch der modernen Klimaforschung auf die einzige wahre Lehre entbindet uns also nicht von der generellen Frage, was diese Klimaforschung gesellschaftlich wirklich darstellt und wer sich hier wessen bedient. Es scheinen jedenfalls ernsthafte Zweifel angebracht, ob der wertneutrale wissenschaftliche Erkenntnisgewinn für diese Klimaforschung wirklich noch im Vordergrund steht oder ob sie sich heute auf die Verteidigung ihrer gesellschaftspolitischen Lösungsmodelle zur Vermeidung einer vorgeblichen Klimakatastrophe reduziert.

Jedenfalls sind die natürlichen Gesetzmäßigkeiten für die Klimaentwicklung auf unserer Erde bis heute nicht vollständig enträtselt und deshalb sind grob vereinfachende Computermodelle für das zukünftige Klimageschehen buchstäbliche Science-Fiction. Der Autor wäre jedenfalls höchst erstaunt, wenn die aktuellen Klimamodelle in einer echten Blindsimulation ohne History-Match das Weltklima aus historischen Daten für einen beliebigen Zeitraum in der Vergangenheit richtig hochrechnen könnten!

Mathematisch ganz stark vereinfacht könnte man die Panikmache um unser Klimageschehen auch folgendermaßen darstellen:

$$K_{ww}(T) = K_n(T) + \text{Delta } K_h(T) \quad \text{(Gleichung 1)}$$

Wobei $K_{ww}(T)$ das weltweite Klima zum Zeitpunkt T sein soll, $K_n(T)$ wäre das „natürliche" Klima zu diesem Zeitpunkt und **Delta $K_h(T)$** der menschliche Beitrag zum Klimageschehen.

Die Schwierigkeiten, eine solche Funktion auf einer Kugel mit entgegengesetzt verlaufenden Jahreszeiten in ihren beiden **Hemisphären** überhaupt aufzustellen, wollen wir hier einmal vernachlässigen. In der öffentlichen Klimadiskussion wird das Weltklima ja schließlich auf eine einzige Durchschnittstemperatur reduziert. Das ist aber keine Naturkonstante, sondern ein künstlicher Zahlenwert, der sich überhaupt erst als statistische Definition ermitteln lassen dürfte. In Ermangelung jeglicher Aussagekraft eines solchen Durchschnittswertes für unser Weltklima müssen dann katastrophale Schreckensszenarien für eine populistische „Belebung" eben dieses Kunstwertes herhalten.

Der IPCC hat ermittelt [4], dass der menschliche Eintrag in das Klimageschehen (dort „Radiative Forcing" genannt) aktuell 1,6 Watt pro Quadratmeter beträgt und den bisherigen globalen Temperaturanstieg von 0,8 Grad Celsius seit 1850 verursacht haben soll.

Nur zum Vergleich: Die Solarkonstante [5] beträgt 1367 Watt pro Quadratmeter, das heißt, die Sonnenstrahlung liefert knapp tausendmal mehr Energie, als dieser menschliche Beitrag zum Klimageschehen. Damit entspräche der menschliche Beitrag zum Klimageschehen in etwa dem Einfluss des Sonnenfleckenzyklus auf unser Klima, der nach [6] kleiner als 1 Promille ist. Bereits der Einfluss der **Exzentrizität** der Erdbahn um die Sonne liegt mit +3,4/-3,3 Prozent (in Summe knapp 7% [5]) bei etwa 90 W/m². Bei einem klimawirksamen Beitrag der Sonneneinstrahlung von etwa 65% (Erklärung ab Seite 56) übersteigt dieser Effekt den vom IPCC ermittelten menschlichen Beitrag zum Klimageschehen um mehr als das Dreißigfache. Nehmen wir nun einfach einmal an, die Schwankungen der Sonneneinstrahlung durch den Sonnenfleckenzyklus und die Exzentrizität der Erdbahn wären bereits in einer mathematischen Funktion für das natürliche Klimageschehen auf unserer Erde enthalten.

Wünschenswert wäre offensichtlich ein natürliches Klima mit **Delta $K_h(T)$=0**, also ohne jeglichen menschlichen Einfluss:

$$K_{ww}(T) = K_n(T) \qquad \text{(Gleichung 2)}$$

Aber auch dann wäre unser Klima nicht konstant! Alle Klimaarchive unserer Erde, zum Beispiel die Eisbohrkerne der Vostok-Expedition (hier in Abb. 17 auf S. 79 dargestellt), zeigen natürliche Klimaschwankungen in der Größenordnung von etwa 10 Grad Celsius, in denen die Eiszeiten mit einem Temperaturrückgang von etwa -8 Grad Celsius gegenüber heute enthalten sind, aber auch Schwankungen in den interglazialen Warmzeiten von etwa +/-2 Grad gegenüber dem heutigen Temperaturmittel.
Die Funktion $K_n(T)$ für das natürliche Klimageschehen auf unserer Erde variiert über die Zeit also ganz grob um etwa -8 bis +2 Grad Celsius gegenüber dem aktuellen Mittelwert, und zwar ganz ohne jeden menschlichen Einfluss!

Damit müssen wir also feststellen, dass es auf unserer Erde ein konstantes natürliches Klima niemals gegeben hat und auch niemals geben wird!

Vor diesem erdgeschichtlichen Hintergrund ist es also gar nicht möglich, jeglichen Temperaturanstieg auf unserer Erde allein dem technischen CO_2-Ausstoß des Menschen zuzurechnen. Vielmehr erfordert die Ermittlung des menschlichen Einflusses auf das Klimageschehen unserer Erde zwingend die genaue Kenntnis eben dieses natürlichen Klimageschehens. Nur so wäre es überhaupt möglich, die Gleichung (1) auf den **anthropogenen** Einfluss hin aufzulösen:

$$\text{Delta } K_h(T) = K_{ww}(T) - K_n(T) \quad \text{(Gleichung 3)}$$

Es kommt aber noch schlimmer, denn die prophezeite Klimakatastrophe basiert im Wesentlichen auf dem zukünftigen Anstieg des weltweiten CO_2-Ausstoßes! Dabei gehen die Szenarien des IPCC **[10]** von einer Verdoppelung bis

Vervierfachung unseres CO_2-Ausstoßes im 21. Jahrhundert aus, was dann zu einem CO_2-Gehalt der Luft von 450 ppm bis 1.000 ppm führen soll. Und wenn wir selbst dann von einer Klimakatastrophe sprechen, beziehen wir alle hochgerechneten Katastrophenszenarien aktuell auf unseren gegenwärtigen CO_2-Ausstoß.

Mit einer ans Religiöse grenzenden Gewissheit erlaubt sich die Klimaforschung dabei, den natürlichen CO_2-Kreislauf (Abbildung 1) auf eine ausschließliche Interaktion zwischen atmosphärischem und anthropogenem CO_2 zu reduzieren. Dabei ignoriert sie den natürlichen Gleichgewichtszustand für CO_2 auf unserer Erde genauso, wie den natürlichen jährlichen CO_2-Kreislauf.

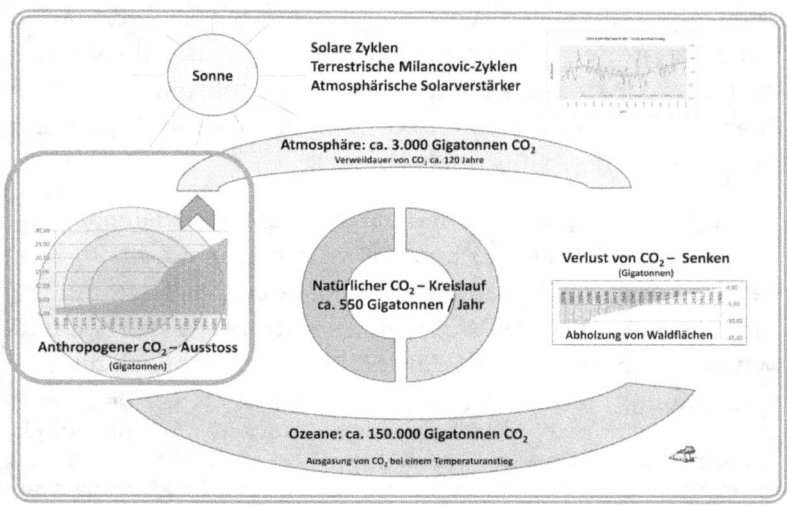

Abbildung 1: Der gesamte jährliche CO_2-Kreislauf
Frage: Warum beschränkt sich die Klimaforschung eigentlich auf den menschlichen CO_2-Ausstoß und rechnet ihn direkt der Atmosphäre zu?

Denn der aktuelle anthropogene CO_2-Ausstoß beträgt nur etwa 5 Prozent des natürlichen jährlichen CO_2-Kreislaufes!

Es wäre demzufolge doch höchst erstaunlich, wenn sich ein seit vielen Millionen Jahren stabiler, wenn auch nicht konstanter, atmosphärischer und klimatischer Gleichgewichtszustand allein aufgrund von einstelligen prozentualen Einträgen des Menschen in den natürlichen Kreislauf des Spurengases CO_2 völlig durcheinander bringen ließe; zumal die atmosphärische Konzentration dieses Spurengases selbst mit 0,038 Prozent lediglich im ppm-Bereich liegt! Aktuell trägt der Mensch etwa 0,0002% oder 2 ppm im Jahr zur atmosphärischen CO_2-Gesamtkonzentration bei. Wir würden also rein rechnerisch etwa 2.500 Jahre benötigen, um damit in unserer Atmosphäre die maximal erlaubte Arbeitsplatzkonzentration von 0,5% CO_2 zu erreichen. Weil wir selbst also die hochgerechneten CO_2-Szenarien falsch zuordnen und uns damit bereits heute die Verantwortung für den zukünftigen CO_2-Ausstoß der gesamten Menschheit zurechnen, entsteht so in unseren Köpfen ein selbstgemachter „Klimaschwindel".

Der IPCC (**Intergovernmental Panel on Climate Change**) wurde 1988 gegründet und besteht jetzt seit mehr als 30 Jahren. Er hat sich allergrößte Verdienste bei der Verkündung einer bevorstehenden Weltklimakatastrophe erworben und wurde im Jahre 2007 mit dem Nobelpreis ausgezeichnet.

Anmerkung: Die Bezeichnung „Weltklimarat" weist dem IPCC eine übergeordnete wissenschaftliche Autorität zu, die er als Hauptprotagonist dieser Klimakatastrophe gar nicht besitzt und ist daher ein sehr geschicktes Marketing. Der IPCC müsste eigentlich „**Internationales Forum für den Klimawandel**" heißen!

Bereits am 11. Dezember 1997 wurde das sogenannte Kyoto-Protokoll zum Schutze des Weltklimas von mehr als 160 Mitgliedsstaaten der Vereinten Nationen verabschiedet, aber bis heute nicht von allen Unterzeichnerstaaten ratifiziert, unter anderen auch von den USA. Dort ist eine Ratifizierung wohl auch deshalb unterblieben, weil, unbemerkt von der deutschen Öffentlichkeit, mehr als 30.000 amerikanischen Wissenschaftler ihre Regierung in einer Petition (US Petition Project [7]) aufgefordert hatten, das Kyoto-Protokoll nicht zu ratifizieren. In einer Überprüfung der wissenschaftlichen Forschungsergebnisse (Originaltitel: *Summary of Peer-Reviewed Research* - [8]), wurden von den Organisatoren dieser Petition wissenschaftlich begründete Widersprüche zu den Veröffentlichungen des IPCC zusammengestellt (Vergleich hier in [**Anhang I**]).

Anmerkung: In diesem Zusammenhang sei auch auf das Buch von Björn Lomborg „*Apocalypse No!*" [9] hingewiesen, in dem dieser eine statistische Inventur für unsere gesamte Erde und den Lebensstandard der Weltbevölkerung durchführt. Dort kommt er zu dem überraschenden Ergebnis, dass es immer mehr Menschen auf unserer Erde immer besser geht!

Inzwischen hat sich der IPCC ([4], [10]) allein mit der Masse seiner Veröffentlichungen zum Meinungsführer bei der Prophezeiung einer globalen Klimakatastrophe entwickelt. Der IPCC argumentiert mit der Einmaligkeit unserer aktuellen Klimasituation und verschweigt dabei, dass es am Ende der letzten Eiszeit eine vergleichbare natürliche Erwärmungsphase gab, die ein ganzes Jahrtausend lang angedauert hatte. In einer fast unüberschaubaren Zahl von Studien des IPCC, die wohl kaum ein Politiker auf dieser Erde jemals vollumfänglich gelesen haben dürfte, wird folgerichtig die Trennung zwischen einer natürlichen und der angeblich von Menschen verursachten Klimaentwicklung nirgendwo wissenschaftlich schlüssig dargestellt. Schlimmer noch, dort werden sogar grundlegende Funktionen unseres natürlichen Paläoklimaantriebs in einen **anthropogenen** Klimaeinfluss umgedeutet!
Nachweis: Historischer Vergleich von Sonneneinstrahlung und Temperatur (USPP [10] - Abbildung SPM.4./ Nordamerika) und (IPCC [8] – Abbildung 3)) im [**Anhang I**]

Vor dem Hintergrund der wirtschaftlichen Belastungen, die wir uns für ein monokausales Klimaschutzprogramm auferlegen wollen, muss man aber zwingend fordern, dass die behaupteten klimatischen Zusammenhänge und Perspektiven für eine wissenschaftlich nicht ausgebildete Öffentlichkeit klar, schlüssig und nachvollziehbar dargestellt werden. Insbesondere sollten die Gesetzmäßigkeiten bei näherer Betrachtung dann auch zu dem verkündeten Ergebnis führen.
Und das scheint hier alles nicht der Fall zu sein!

Es sei an dieser Stelle angemerkt, dass ein wie immer gearteter Mehrheitskonsens über den Erkenntnisstand in der Klimaforschung weder den Prozess der wissenschaftlichen Erkenntnisbildung vorwegnehmen oder gar abschließen kann, noch für sich selbst eine gesicherte Lehrmeinung darstellt.
Außerdem hat, unbemerkt von einer geängstigten westlichen Weltöffentlichkeit, die mediale Macht fundamentalistischer Katastropheneiferer die unabhängige Klimaforschung in gutmittelalterlicher Tradition weitgehend zum Schweigen gebracht und damit eine offene wissenschaftliche Diskussion über dieses Thema unterbunden. Ständige Wiederholungen von einseitigen Spekulationen über eine bevorstehende Klimakatastrophe haben daher am Ende zu einer glaubensähnlichen Gewissheit in der öffentlichen Wahrnehmung geführt. Und viele, die es eigentlich hätten besser wissen müssen, haben selbst an dieser Panikmache teilgenommen oder dazu geschwiegen.
Und schließlich ist diese öffentliche Panikmache an einer ganzen Berufsgruppe fast spurlos vorbeigegangen, die ganz erheblich zum Verständnis der Sachlage hätten beitragen können, nämlich an den Geowissenschaftlern.

Jedenfalls ist die Variabilität des Weltklimas in geologischen Zeiten eine wissenschaftliche Tatsache, die durch eine demokratische Massenhysterie nicht einfach außer Kraft gesetzt wird! Genauso wenig übrigens, wie die wissenschaftliche Diskussion über irgendein beliebiges Thema von irgendeiner Person oder Institution jemals für beendet erklärt werden kann.

Eine solche Ungeheuerlichkeit ist zum letzten Male begangen worden, als Galileo Galilei von der Inquisition der reinen Lehre zum Schweigen gebracht worden ist!

Der Autor erklärt deshalb hier noch einmal ganz ausdrücklich, dass die wissenschaftliche Diskussion über die befürchtete Klimakatastrophe selbstverständlich gar nicht beendet werden kann! Denn die Wissenschaft ist frei, und zwar so frei, dass ein kleiner Angestellter eines Patentamtes die Welt der Physik aus den Angeln heben konnte [11] und ein Kaufmannsgeselle die Welt der Archäologie [12]. In der Wissenschaft gibt es kein „Ex-Cathedra" und niemand kann ein absolutes Wissen oder ein absolutes Urteil für sich in Anspruch nehmen! Wissenschaft ist reine Basisdemokratie, denn die Anforderungen an wissenschaftliches Arbeiten sind für alle Wissenschaftler gleich. Bei wissenschaftlich erzielten Ergebnissen geht es grundsätzlich nicht um Schaden oder Nutzen für ein bestimmtes Paradigma, sondern um eine eindeutige Reproduzierbarkeit der erzielten Ergebnisse auf Basis des gesicherten Erkenntnisstandes im jeweiligen Fachgebiet!

IPCC-Klimagutachten aber sind monolithische Plädoyers für das CO_2-Paradigma, die dem Laien eine eigene kritische Auseinandersetzung mit diesem Thema ebenso verwehren, wie das Latein eines mittelalterlichen Klerus;

denn sie geben gegenläufigen Erkenntnissen keinerlei Raum. So werden Hinweise auf die natürliche Variabilität unseres Klimageschehens dort meist verschleiert oder marginalisiert. Die veröffentlichten Temperaturreihen des IPCC [10] reichen für gewöhnlich nur bis zum Ende der kleinen Eiszeit (etwa 1850) zurück; weiterführende Statistiken existieren dort zwar auch, sind dann aber in irgendwelchen Fachveröffentlichungen oder Sammlungen von Abbildungen (ohne ausreichende Erklärung für den wissenschaftlichen Laien) versteckt. Insbesondere fehlt in den Darstellungen des IPCC jeglicher Hinweis darauf, wie denn überhaupt die Trennung von natürlichen und **anthropogenen** Klimaveränderungen erfolgt sein soll. Der IPCC argumentiert also konsequent mit einer „*Einmaligkeit der* (aktuellen) *Klimasituation*" und definiert den anthropogenen Klimaeintrag als einen zusätzlichen Strahlungsbeitrag in [W/m^2] zu einem vorindustriellen Basiswert; und daraus wird dann die zukünftige Klimakatastrophe hochgerechnet. Bei einer solchen Vereinfachung werden aber nicht nur die natürlichen Schwankungen unseres Klimas ausgeklammert. Diese Betrachtung setzt auch zwingend voraus, dass der Wärmeeffekt der anthropogenen Treibhausgase als zusätzlicher Nettoeffekt bisher nicht schon ganz oder teilweise in der Erdatmosphäre umgesetzt worden ist.

Der anthropogene Treibhauseffekt ist nämlich gar kein echter zusätzlicher Energieeintrag, sondern nur ein möglicher Sekundäreffekt auf Basis der bereits bestehenden natürlichen Sonneneinstrahlung. Spencer und Braswell [13] setzen bei diesem „Radiative Forcing" an und weisen anhand von Satellitendaten nach, dass die gegenwärtig benutzten Klimamodelle bei der Simulation dieses Effektes grob fehlerhaft aufgebaut sind.

Es gibt also eine ganze Menge fundierte Widersprüche, aber trotzdem ist die Klimakatastrophe heute für uns alle eine gesicherte Tatsache!

Aber warum ist sie das? Sind die Klimamodelle inzwischen so perfekt, dass sie in der Lage sind, das Weltklima fehlerlos vorwärts und rückwärts zu simulieren? Nein, aber wir wurden jahrzehntelang mit immer gleichen Argumenten indoktriniert, bis diese Klimakatastrophe schließlich Eingang in das Alltagswissen einer politischen Mehrheit in den westlichen Industrienationen gefunden hatte!

Alltagswissen besteht in demjenigen Wissen, das routinemäßig und unreflektiert unser Verhalten steuert: Eis ist kalt, Wasser ist nass und Feuer ist heiß...

Und schließlich ist inzwischen eine ganze Generation mit dem Dogma dieser Klimakatastrophe aufgewachsen! Kommt Ihnen ein solcher Ablauf nicht irgendwie bekannt vor? Richtig, in den 90-er Jahren des vergangenen Jahrhunderts fingen die Anti-Raucher Kampagnen an. Schon damals wusste zwar jeder, dass Rauchen nicht gesund sein konnte, aber ein eindeutiger wissenschaftlicher Nachweis dafür konnte nie erbracht werden und deshalb gab es schließlich eine Art Waffenstillstand zwischen Rauchern und Nichtrauchern. Aber ab Anfang 2000 spielte ein solcher wissenschaftlicher Nachweis dann plötzlich gar keine Rolle mehr und die Raucher wurden im öffentlichen Leben systematisch ausgegrenzt.

Was war geschehen? Eine neue Generation war erwachsen geworden und hatte den latenten Widerstand gegen das Rauchen ganz einfach internalisiert. Die anhaltende Wiederholung von **Paradigmen** über das Aufwachsen einer ganzen Generation hinweg schafft also offenbar Wahrheiten, die am Ende gar nicht mehr hinterfragt werden!

Es sei an dieser Stelle die Frage gestattet, was eigentlich aus unseren übrigen Ängsten geworden ist: Waldsterben, Ozonloch, Feinstaub und Asbest, Dioxin, Vogelgrippe, Elektrosmog, Gentechnologie, Radioaktivität ...

Und inzwischen glauben wir also an eine bevorstehende globale Klimakatastrophe. Wir „glauben"! Die deutsche Sprache kann doch manchmal sehr entlarvend sein!
Glaube hat etwas mit Religion zu tun, mit einem psychologisch-menschlichen Vertrauen über die rein wissenschaftlich beweisbaren Vorgänge und Tatsachen hinaus. Und so ist es auch mit der Klimakatastrophe, denn wissenschaftlich beweisbar ist sie nicht! Aber wir sind trotzdem bereit, uns den volkswirtschaftlichen Anstrengungen zur Vermeidung einer solchen Klimakatastrophe zu unterwerfen, und zwar in dem guten Glauben, dass sie dann nicht eintreten würde! Und wir vergessen dabei eine ganz wichtige Tatsache: Unsere Erde selbst unterliegt einer ständigen Veränderung wie jedes lebendige System!
Diese Vorgänge sind aber in ihren zeitlichen Dimensionen für uns persönlich gar nicht erkennbar. Ein Vergleich: Nehmen wir einmal an, unsere Erde sei gerade volljährig geworden, also 18 Jahre alt. In dieser Relation existiert der moderne Mensch dann erst seit 13 Stunden und 43 Minuten und ein 80-jähriger Mensch hätte gerade einmal 10 Sekunden gelebt. Wir halten uns also an unseren persönlichen Erfahrungen und Erinnerungen fest, die im Vergleich zu einer Erdgeschichte von 18 Jahren gut eine Sekunde pro Lebensjahrzehnt ausmachen und bewerten, konservative Lebewesen, die wir nun einmal sind, jede Veränderung auf unserer Erde als „unnatürlich"!
Dabei sind wir Eintagsfliegen, die auf der Haut einer kochenden Suppe hocken und über die Gezeiten theoretisie-

ren, denn unsere Erde lebt: Kontinentale Platten rasen mit der unvorstellbaren Geschwindigkeit von mehrerer Zentimetern pro Jahr aufeinander zu, schieben dabei gewaltige Gebirge auf und überfahren gleichzeitig ozeanische Kruste, die sich in den ozeanischen Rücken ständig neu bildet. Wohlgemerkt, das passiert gerade jetzt, hier und heute! Durch diese permanenten geologischen Vorgänge unterliegen Meeresströmungen und Klimazonen auf der Erde einem ständigen und für uns in unserer Lebenszeit unmerklichen Wandel; und damit verändert sich auch ständig der von uns ganz egoistisch als konstant angesehene Gleichgewichtszustand unserer Erde und damit auch unserer Klimageschehen.

Das Einzige, was wir von diesem Wandel mitbekommen, sind Erdbeben, **Tsunamis** und Vulkanausbrüche; sie sind das „Knacken" im Kaminfeuer der Erde. Wir sind zu Recht schockiert im Angesicht solcher Katastrophen und des Elends, das sie auslösen. Darüber wird dann aber leicht vergessen, dass dies die Lebensäußerungen unseres lebendigen Planeten sind, jedenfalls die einzigen, die wir in der uns zugestandenen Lebenszeit persönlich erleben werden.

Durch den gezielten Verbrauch fossiler Energieträger liefert der technisierte Mensch seit etwa zwei Jahrhunderten einen messbaren Eintrag in die Zusammensetzung der Erdatmosphäre.

Ob dadurch das Klima auf unserer Erde wirklich verändert wird und wenn ja, in welcher Größenordnung, ist auch deshalb letztlich heute noch völlig ungeklärt, weil wir die unterlegten natürlichen Klimaschwankungen und deren Ursachen bis heute weder genau genug kennen noch vorhersagen können. Deshalb müssen letztlich alle Klimamodelle von einem konstanten natürlichen Gleichgewicht ausgehen, das so in geologischen, ja selbst in historischen Zeiten, niemals existiert hat. Diese Modelle antizipieren daher auch bestenfalls den **anthropogenen** Einfluss auf einen willkürlich definierten klimatischen Anfangszustand, die gleichzeitige natürliche Weiterentwicklung dieses Anfangszustandes selbst bleibt dagegen völlig unberücksichtigt oder muss sogar zur Bestätigung möglicher Schreckensszenarien herhalten.

Und eine Verzerrung von Klimadiagrammen zu „Hockeyschlägerkurven" mag zwar die Ablesegenauigkeit von Einzelwerten verbessern, ist aber als Beweis für die postulierte Klimakatastrophe wenig geeignet und dient daher eher zur psychologischen Unterstützung einer medialen Panikmache.

Selbstverständlich heißt das nicht, dass wir einfach so weitermachen sollten wie bisher! Unser „menschlicher Fußabdruck", der Abdruck von Milliarden von Einzelindividuen, muss schon allein deshalb minimiert werden, weil unsere globalen Ressourcen endlich sind und sich diese immer mehr Menschen teilen müssen.

Und da die Bevölkerungsentwicklung auf unserer Erde tatsächlich einer Hockeyschläger-Kurve entspricht, müssen auch alle menschlichen Aktivitäten eine Hockeyschläger-Kurve abbilden! Die Frage ist also nicht ob, sondern wie ein Umdenken erfolgen soll, und da macht eine monokausale Panikmache mit dem alleinigen Ziel einer CO_2-Minimierung um jeden Preis in den entwickelten Industrienationen wenig Sinn.

Wir sitzen hier auf den glücklichen, weil hoch industrialisierten Inseln, und es mag uns momentan wenig ausmachen, einen Teil unseres Bruttosozialproduktes nutzlos für einen klimatischen Ablasshandel zu verbrennen. Aber wir denken dabei nicht wirklich global, weder an die Schwellenländer, die sich solche Maßnahmen bei steigenden Bevölkerungszahlen weder leisten wollen noch leisten können und auch nicht an die ganz Armen in der Dritten Welt, deren dünne Nahrungsgrundlage hier bei uns inzwischen ganz egoistische Begehrlichkeiten für die profane Produktion von Ökotreibstoffen weckt. Wir hier auf den glücklichen Inseln der Industriestaaten wollen uns also mit nahezu religiösem Eifer ein gutes ökologisches Gefühl verschaffen und vergeuden dabei die wirtschaftlichen Ressourcen, die wir eigentlich in unserer Verantwortung für die Lösung der Probleme der Weltbevölkerung als Ganzes einsetzen müssten. Kann es vielleicht eine Art von Egoismus der reichen Nationen sein, für ein gutes Klimagefühl lieber ihr „eigenes Ding" mit einem minimalen Beitrag zum künftigen Weltklimageschehen durchzuziehen, anstatt diese hier und heute vorhandenen und einsetzbaren finanziellen Mittel denjenigen verfügbar zu machen, die sie dringend benötigen, um die wirklichen Geißeln der Menschheit erfolgreich zu bekämpfen?

Wir klammern die Atomkraft von vorn herein aus unserer Diskussion über die zukünftige Energiegewinnung aus und wollen natürlich auch keine weiteren Kohlekraftwerke mehr bauen. Aber wir wollen unseren Energiebedarf auch nicht wirklich einschränken, sondern ihn lieber voll aus „erneuerbaren Energien" ersetzen. Dabei glauben wir tatsächlich, diese „erneuerbaren" Energiequellen Sonnenlicht und Wind seien uns wertfrei gegeben und in unbegrenzter Menge verfügbar, wir müssten nur die notwendigen Technologien dafür entwickeln. Das Ergebnis: Wir haben Angst vor einer Klimakatastrophe, die sich bisher nur in begrenzten Computerhochrechnungen abspielt, meinen aber gleichzeitig, unseren Energiebedarf künftig ungestraft aus dem Klimamotor unserer Erde entnehmen zu können. Wir spalten bei unseren egoistischen und panischen Reaktionen auf die vorhergesagte Klimakatastrophe die existenziellen Probleme der Dritten Welt genauso ab wie die Tatsache, dass die Schwellenländer bei ihrer weiteren industriellen Entwicklung vermehrt auf Kohle als Energieträger zurückgreifen werden, wie Ganteför [14] in seinem Buch nachweist. Und allein dadurch dürften alle unsere Anstrengungen zur Reduzierung des globalen CO_2-Ausstoßes so schnell verpuffen, wie ein Wassertropfen auf einem ganz heißen Stein!

Hier in den reichen Industrienationen haben wir uns zu einer Art mittelalterlichem Hofstaat mit einer Endzeitpsychose zurückentwickelt, der mit den wirklichen Problemen der Bevölkerungsmehrheit auf dieser Erde nichts, aber auch gar nichts mehr zu tun hat!

Wir müssen umdenken, wir müssen endlich Verantwortung für unsere Mitmenschen übernehmen und wir müssen uns den wirklichen Problemen unserer Welt und ihrer Menschen stellen. Dazu gehört es auch, den Menschen in den Schwellenländern und der Dritten Welt eine unabhängige und ausreichende Lebensgrundlage zu ermöglichen:

- o Entwicklungshilfe ist nicht die schnelle Reaktion von Hilfsorganisationen aus den Industrieländern auf Katastrophen in der Dritten Welt.
- o Entwicklungshilfe ist nicht die Weitergabe subventionierter Nahrungsmittel aus westlicher Überproduktion an Not leidende Mitmenschen in der Dritten Welt, deren eigener Nahrungsmittelproduktion damit jegliche Grundlage entzogen wird.
- o Entwicklungshilfe ist nicht die Ausbildung von Menschen aus der Dritten Welt in den Industrienationen, um sie später mit einer „Greencard" von dem Entwicklungsprozess ihrer Heimatländer abzuspalten.

Eine wirkliche Entwicklungshilfe muss vielmehr die Menschen in der Dritten Welt in die Lage versetzen, ihre Probleme selber zu lösen und das heißt in erster Linie, dort einen vergleichbaren Lebensstandard zu schaffen! Wir müssen deshalb aufhören, unseren Status gegenüber einer ärmeren Weltbevölkerung aufrecht zu erhalten, indem wir unsere wirtschaftlichen Ressourcen lieber selbst in einem künstlichen CO_2-Wahn verbrennen und dadurch eine Umverteilung eben dieser Mittel verhindern.

Können wir uns also im Angesicht von Millionen Hungernden auf dieser Welt und in Anbetracht der Endlichkeit unserer finanziellen Ressourcen einen CO_2-Ablasshandel moralisch und wirtschaftlich wirklich leisten?

Die Antwort heißt eindeutig NEIN!

Die Polarisierung in der Klimadiskussion hat dazu geführt, dass sich Befürworter und Gegner eines CO_2-Paradigmas heute so unvereinbar gegenüberstehen, als gäbe es nur noch widersprechende Extrempositionen und dazwischen keinerlei statistische Grauzone mehr.
Die Erkenntnisse der Geowissenschaften über die Klimageschichte unserer Erde lassen die propagierte Klimakatastrophe in vielen Punkten als einen zeitlich viel zu kurz gefassten Ansatz zur Erhaltung eines als konstant definierten Weltklimas erscheinen. Einen solchen statischen Zustand hat es in der Klimageschichte unserer geologisch höchst dynamischen Erde aber niemals gegeben.

Es erscheint daher wichtiger denn je, die geowissenschaftlichen und erdgeschichtlichen Dimensionen unseres Weltklimas in die Diskussion über die prophezeite Klimakatastrophe einzubringen.

Das dynamische System Erde in Zeit und Raum

Übersicht

Die Entwicklung unserer Erde war mit dem Auftauchen des Menschen nicht plötzlich abgeschlossen, sondern sie setzt sich weiter fort. Denn wir sind in ein lebendiges System hinein geboren worden, das bereits etwa 4,6 Milliarden Jahre alt ist, das sind 4.600.000.000 Jahre!

Beispiel: Man kann es kaum besser ausdrücken, als auf der letzten Schautafel eines geologischen Lehrpfades in den Foothills der Rocky Mountains bei Denver (Colorado), nachdem man die geologischen Formationen von der Erdfrühzeit bis zur Gegenwart durchquert hat (*der Autor zitiert aus der Erinnerung*):
„Dieser Blick auf das Tal von Denver ist nur eine Momentaufnahme in der geologischen Entwicklungsgeschichte unserer Erde und wird sich in den nächsten Jahrmillionen vollständig verändern".

Eine solche Momentaufnahme können wir nicht festhalten, auch wenn uns ihr Anblick lieb und teuer geworden ist. Die Veränderungen und Klimaschwankungen, denen unsere Erde im Laufe ihrer bisherigen Entwicklung bereits unterworfen gewesen ist, sind aus unserem persönlichen Erleben heraus völlig unvorstellbar. Und dieser Prozess wird sich weiter so in die Zukunft fortsetzen, von uns in unserer persönlichen Lebenszeit völlig unbemerkt.
Unsere Erde ist also bereits ca. 4,6 Milliarden Jahre alt, aber der moderne Mensch existiert erst seit 400.000 Jahren. Mit seinen älteren Entwicklungsstufen seit der Abspaltung unserer Linie von den gemeinsamen Vorfahren mit den Primaten werden es insgesamt etwa 2 Millionen

Jahre sein. Schon diese kurzen geologischen Zeiträume sprengen aber jede menschliche Vorstellung. Wenn wir, im maßstäblichen Sinne, mit unseren persönlichen Erfahrungen pro Lebensjahrzehnt etwa eine Sekunde einer 18-jährigen Erdgeschichte überblicken, dann können wir aus dieser Erfahrung heraus überhaupt nichts über Vergangenheit und Zukunft unserer Erde und ihren Klimaverlauf aussagen; und natürlich auch keine Bewertung über die Gegenwart abgeben. Und trotzdem versuchen wir dann, vor unserem persönlichen Erfahrungshintergrund die aktuellen Geschehnisse auf unserer Erde zu erklären und vielleicht sogar aktiv zu beeinflussen. Ersteres ist eher naiv; Letzteres ist zumindest tollkühn, wenn nicht sogar dumm!

Um einen Eindruck von der Variabilität unseres Paläoklimas zu bekommen, können wir anstelle eigener Erfahrungen bestenfalls Hochrechnungen anhand von sogenannten **Klimaproxis** durchführen. Dazu müssen wir dann aber auch ausreichend große Zeiträume betrachten, die alle unsere natürlichen Klimafaktoren mit einbeziehen. Wir dürfen uns in unseren Klimabetrachtungen also nicht auf zu kurze Zeitabschnitte beschränken, sonst machen wir Fehler. So fallen zum Beispiel der Beginn der Industrialisierung und das Ende der „kleinen Eiszeit" zeitlich in etwa zusammen, und beides könnte den seither gemessenen weltweiten Temperaturanstieg von knapp einem Grad Celsius ganz oder teilweise verursacht haben.

Die Kernfrage bleibt also, wie sich dieses eine Grad Celsius eigentlich in einen natürlichen und einen anthropogen Anteil aufschlüsseln lässt!

Die geologische Entwicklung der Erde

Vielleicht sollten wir zunächst einmal die Lebensgeschichte von Mutter Erde kennen lernen, um uns wirklich ein Urteil bilden zu können!
In Abbildung 2 ist die gesamte Erdgeschichte dargestellt. Das Alter der Erde mit 4,6 Milliarden Jahren entspricht dabei der gegenwärtigen gesicherten Lehrmeinung, auch wenn neuere wissenschaftliche Theorien zu einem noch höheren Alter für unsere Erde kommen.
Im Verlauf des Präkambriums (Erdfrühzeit) entwickelte sich zunächst eine feste Erdkruste mit Ozeanen und Atmosphäre, später dann erste einzellige Lebensformen wie Bakterien und Algen bis hin zu mehrzelligen Lebewesen. Die eigentliche Entwicklung der Biosphäre begann dann im Kambrium vor etwa 550 Millionen Jahren. Das Kambrium ist in Abbildung 2 der erste andersfarbige Streifen unter der türkisfarbenen Erdfrühzeit. Wenn wir das untere Ende der bunten Säule betrachten, so endet der darstellbare Teil mit den Erdzeitaltern Kreide, Paläogen und Neogen. Das Quartär, in dem sich die Abspaltung unserer Linie Sapiens von ihren tierischen Vorfahren vollzogen hat und das Erscheinen des modernen Menschen vor ca. 400.000 Jahren werden in diesem Maßstab noch nicht einmal grafisch sichtbar.
Die bunt dargestellten Erdzeitalter in Abbildung 2 stellen also denjenigen Teil der Erdgeschichte dar, in dem die Erde eine Biosphäre aus höherem Leben besitzt. Dieser Teil macht gerade einmal 12 Prozent der gesamten Erdgeschichte aus. Es ist der Teil, über den wir geologisch am besten Bescheid wissen. In diesem Zeitmaßstab können wir an der Basis der Zeitsäule gerade noch das Neogen identifizieren. Die Stammesgeschichte des Menschen ist

viel zu kurz, um sie in einem Zuge mit der gesamten Erdgeschichte darstellen zu können.

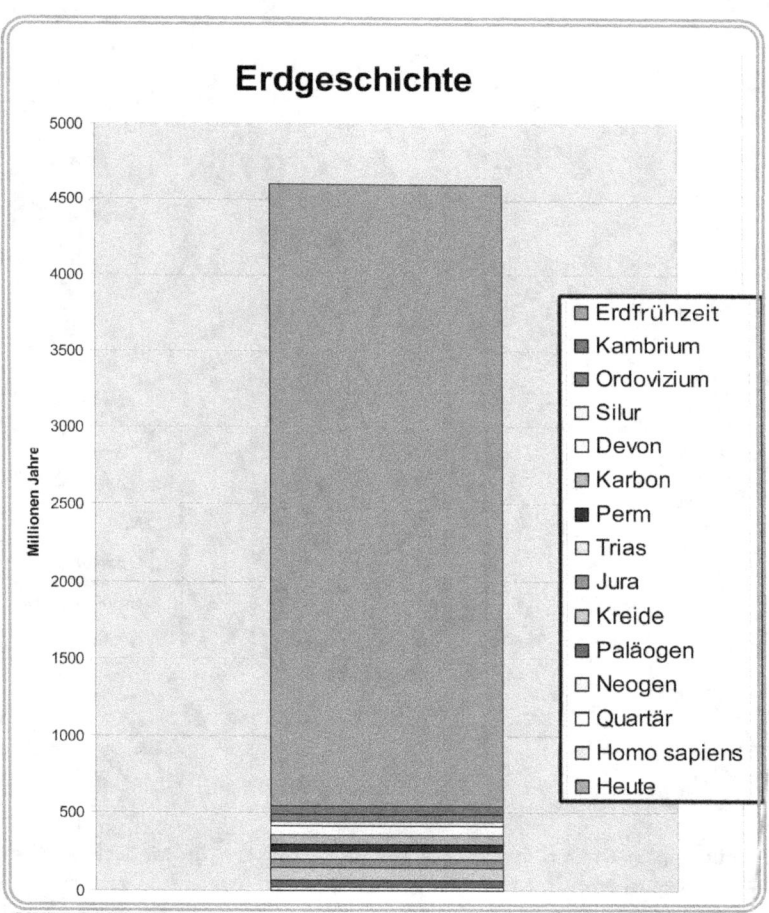

Abbildung 2: Die Erdgeschichte in Millionen Jahren

Wir müssen deshalb noch viel weiter ins Detail gehen (Abbildung 3), um unsere Menschheitsgeschichte und die Erdgeschichte optisch überhaupt verknüpfen zu können.

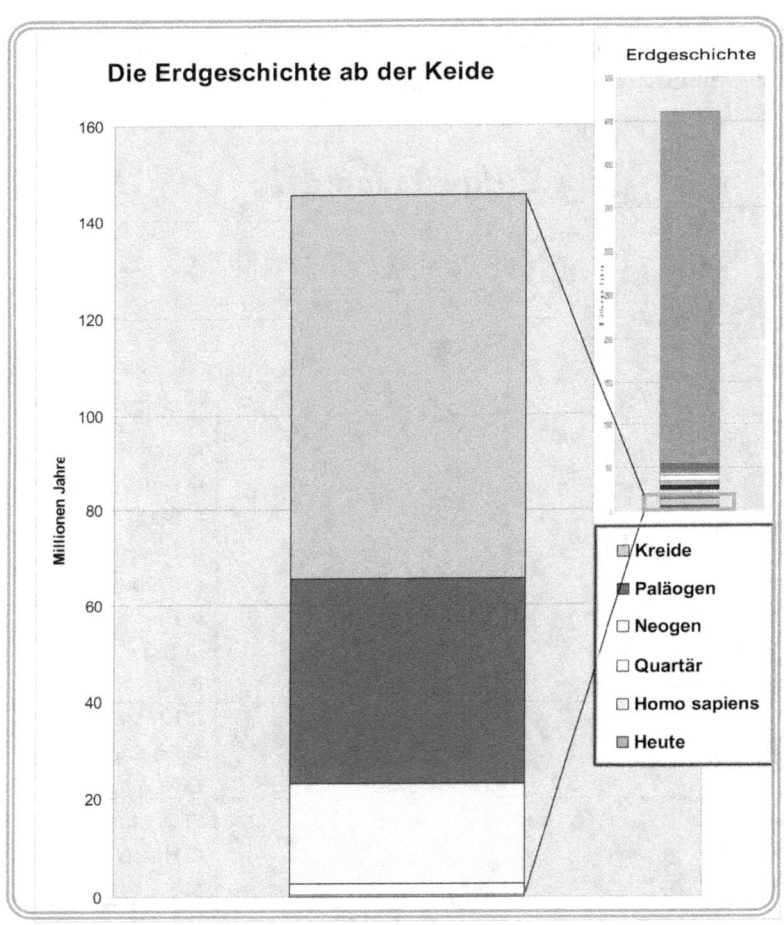

Abbildung 3: Die Erdgeschichte seit der Kreide – die Menschheitsgeschichte wird gerade sichtbar

Hier in Abbildung 3 sind nur die Erdzeitalter seit der Kreide dargestellt (roter Ausschnitt aus der geologischen Zeitskala). In der vorigen Abbildung endete der sichtbare Teil der bunten Säule mit dem hellblauen Neogen. Jetzt kann man jetzt auch das Quartär und einen grünen Strich an der

Basis dieser Säule erkennen. Im Quartär fand die Abspaltung unserer Linie von unseren tierischen Vorfahren statt und der grüne Strich an der Basis der Säule stellt die gesamte Existenz des modernen Menschen dar. Der Zeitraum unserer historischen Überlieferungen oder gar unsere technische Zivilisation ist in diesem Maßstab immer noch nicht sichtbar.

Und dann werden uns, zum Beispiel vom Internationalen Forum für den Klimawandel (IPCC), als Beweis für die erwartete Klimakatastrophe globale Klimastatistiken [10] gezeigt, die erst am Ende der historischen „kleinen Eiszeit" um 1850 beginnen!

Köppen und Wegener ([15] – hier S.75, Abb.16) hatten dagegen bereits im Jahre 1924 Klimadaten für einen Zeitraum von 650.000 Jahren veröffentlicht, was immerhin mehr als dem grünen Streifen an der Basis der Zeitsäule in Abbildung 3 entspricht. Diese Klimadaten aus der jüngsten geologischen Vergangenheit unserer Erde zeigen über den gesamten dargestellten Zeitraum keinerlei Klimakonstanz, sondern einen beständigen Wandel.

Und der wichtigste Beweis der vorausschauenden Klimaforschung für die befürchtete Klimakatastrophe besteht nun in der Zusammenführung zweier über einen Zeitraum von 150 Jahren parallel ansteigenden Messreihen, nämlich dem industriellen CO_2-Ausstoß und den globalen Durchschnittstemperaturen seit der „Kleinen Eiszeit"!

Das einzig sichere an einer solchen Konstruktion ist aber die Tatsache, dass beide Werte zeitgleich ansteigen und deshalb auch rechnerisch irgendwie **korrelieren** müssen. Ein wissenschaftlicher Beweis für den ursächlichen Zusammenhang zwischen den beiden Messgrößen CO_2 und der globalen Durchschnittstemperatur ist das aber nicht!

Die Klimageschichte der Erde

Was unser persönliches Erfahrungswissen angeht, auf das wir unser Urteil über eine mögliche Klimakatastrophe gründen, so hat dieses Erfahrungswissen im Rahmen der Erdgeschichte überhaupt keine Relevanz.
Dabei hat der Mensch das Gesicht der Erde verändert, seit er vom Hirten zum Bauern wurde, was nach gängiger Auffassung nach der letzten Eiszeit in **Mesopotamien** geschehen sein soll.
Seither hat der Mensch immer stärker in natürliche Abläufe eingegriffen und in seinen Siedlungsgebieten das natürliche Gleichgewicht durch ein „kulturelles" Gleichgewicht ersetzt. Dieses kulturelle Gleichgewicht steht in beständigem Konflikt mit dem natürlichen Gleichgewicht und benötigt zu seiner Aufrechterhaltung die ständige aktive Fürsorge des Menschen, auch heute noch!
Wenn wir uns in Abbildung 4 einmal den Verlauf des Weltklimas über die Erdgeschichte ansehen, dann stellen wir fest, dass wir, absolut gesehen, in einer Kaltzeit leben. Unsere gegenwärtige Zwischeneiszeit oder Warmzeit ist in diesem Zeitmaßstab gar nicht darstellbar.

Zunächst einmal sollten wir uns also über unser ausgesprochen angenehmes Klima freuen!

Übrigens weist Scotese [16] nach, dass sich in der gesamten Erdgeschichte die globalen Durchschnittstemperaturen nur ganz selten aus einem Korridor zwischen 10 und 25 Grad Celsius herausbewegt haben.
Wir können dieser Abbildung aber auch entnehmen, dass es über den größten Teil der Erdgeschichte überhaupt keine Vereisungen auf unserer Erde gegeben hat. Erst in der

jüngeren Erdgeschichte gibt es dann seit etwa einer Milliarde Jahren bis heute einen permanenten und natürlichen Wechsel zwischen Warm- und Kaltzeiten. Mit diesen Erkenntnissen sollten sich zumindest die ständigen Hinweise auf das unnatürliche Abschmelzen von Gletschern als Beweis für den Beginn einer Klimakatastrophe relativieren lassen.

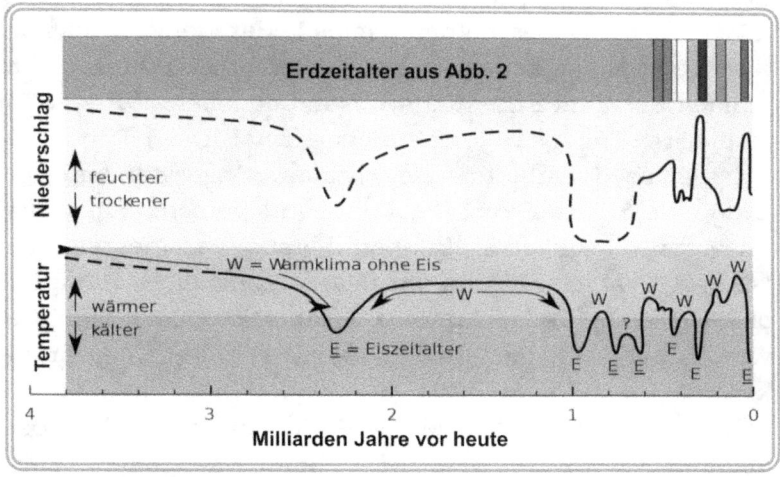

Abbildung 4: Klimaveränderungen in der Erdgeschichte
aus Wikipedia [17] mit den Erdzeitaltern aus Abbildung 2

Wie schon gezeigt wurde, ist unsere Erde so alt, dass in einem relativen Vergleich zu 18 Jahren Erdgeschichte ein 80-jähriger Mensch gerade einmal zehn Sekunden gelebt hätte.
Unser persönliches Erfahrungswissen spielt also in Bezug auf die Erdgeschichte und die hier dargestellte Klimaentwicklung überhaupt keine Rolle!

Aber der Mensch ist konservativ!

Unsere persönliche Erfahrung prägt unser Verhalten, was in der menschlichen Evolution sicherlich auch von Vorteil gewesen ist. Dieser Konservativismus erlaubt es uns, Handlungsschemata zu entwickeln, abzuspeichern und sie in Not- oder Gefahrensituationen dann einfach und ohne nachzudenken ablaufen zu lassen.

Bei einer Betrachtung des Klimageschehens auf der Erde hilft uns ein solcher Automatismus leider wenig, weil sich die Gesetzmäßigkeiten in ihren zeitlichen Dimensionen einfach unserem Erfahrungswissen entziehen. Wir sind ja in unserer Lebenszeit noch nicht einmal in der Lage, die Ergebnisse dauerhafter geologischer Aktivitäten unserer Erde, wie zum Beispiel der Kontinentalverschiebung, aus unserem persönlichen Erleben heraus wahrnehmen zu können. Deshalb müssen wir unsere persönlichen Eindrücke von einer aktiven Erde auf katastrophale Ereignisse wie Erdbeben, Vulkanausbrüche und **Tsunamis** beschränken.

Schlimmer noch, in den Medien wird immer wieder über technische Maßnahmen berichtet, mit denen schlaue Leute die befürchtete Klimakatastrophe abwenden wollen. Danach sollen einfach irgendwelche reflektierenden Substanzen in die hohe Atmosphäre verbracht werden, um bereits dort einen Teil der Sonnenstrahlung zu reflektieren und damit den Treibhauseffekt hier auf der Erde zu vermindern.

Solche wahnwitzigen Ideen kann man in Anlehnung an ein Zitat von Michael Crichton [3.1] nur als höchst „*dünntelligent*" bezeichnen, vergleichbar zum Beispiel mit der genialen Idee, die **Aga-Kröte** in Australien einzuführen.

 [18]

An einem System herumpfuschen zu wollen, das wir nicht genau genug kennen, das wir kaum korrekt beschreiben und schon gar nicht vollständig simulieren können, würde unübersehbare Gefahren für die gesamte Menschheit und den Lebensraum Erde beinhalten. Und – wer macht sich eigentlich Gedanken darüber, wie man den ganzen Kram später wieder aus der hohen Atmosphäre herausbekommen könnte, wenn sich später zufällig ein gegenteiliger „Erfolg" einstellen sollte?

Wir sollten Mutter Erde also mit deutlich mehr Demut gegenüber treten und erst einmal versuchen, ihre ganze Geschichte zu verstehen!

Im Unterschied zu Veröffentlichungen des IPCC (Internationales Forum für den Klimawandel) versucht das vorliegende Buch, einen direkten Zusammenhang zwischen dem aktuellen Klimageschehen und dem Klimaverlauf in der Erdgeschichte, dem **Paläoklima**, herzustellen.

Das Internationale Forum für den Klimawandel zeigt, zum Beispiel in seiner Veröffentlichung für Entscheidungsträger [10], als Übersicht über das Klimageschehen auf unserer Erde lediglich die Konzentration der Treibhausgase für die vergangenen 12.000 Jahre ohne jegliche Temperaturangaben.

Die nachfolgenden Temperaturreihen für die eigentliche Klimadiskussion werden dann auf die Jahre ab 1850 (Ende der „kleinen Eiszeit") und später sogar ab 1900 und 2000 beschränkt. Wenn es aber nach der mittelalterlichen Warmzeit nachweislich eine Kälteperiode (Stichwort „kleine Eiszeit") gegeben hat, dann wäre nach deren Ende um etwa 1850 tatsächlich eine natürliche Klimaerwärmung zu erwarten.

Eine solche Einschränkung der zeitlichen Betrachtung erscheint daher, wissenschaftlich gesehen, höchst fragwürdig, insbesondere auch deshalb, weil es sich bei dem oben zitierten Werk eben ausdrücklich um eine Zusammenfassung für Entscheidungsträger handelt.

Kompetente Entscheidungen erfordern aber grundsätzlich einen vollständigen Überblick über die jeweilige Problemstellung, damit am Ende überhaupt eine qualifizierte Lösung gefunden werden kann.

Der Blick auf unser Weltklimageschehen vom Allgemeinen zum Speziellen wird vom IPCC aber auf den Zeitraum seit Ende der letzten Eiszeit eingeschränkt. Seine eigentlichen Temperaturkurven beginnen dort erst 1850 und stellen demzufolge im maßstäblichen Vergleich gerade einmal knapp 20 Sekunden einer 18-jährigen Erdgeschichte dar! Der Betrachter könnte jetzt argumentieren, eine solche Einschränkung täte doch nichts zur Sache, wenn es tatsächlich weltweit wärmer wird.

Ein Gegenbeispiel: *Stellen Sie sich einfach einmal einen Tunnel vor, der eine große Kurve beschreibt, so dass man von seiner Mitte aus weder den Eingang noch den Ausgang sehen könnte. Wenn Sie jetzt von dort aus mit einer Taschenlampe den Verlauf dieses Tunnels ausleuchten würden, könnten Sie aus dieser Information keinerlei Aussage über Ihre Lage in Bezug auf Eingang und Ausgang des Tunnels treffen. Mutmaßungen wären Tür und Tor geöffnet und Sie könnten sogar befürchten, dass dieser Tunnel überhaupt keinen Ausgang hat! Um Ihren Standort im Tunnel bestimmen zu können, würden Sie also wenigstens eine Information über die Gesamtlänge des Tunnels benötigen und müssten die Strecke kennen, die sie bereits im Tunnel zurückgelegt haben.*

Und wir glauben wirklich, ohne die Einbeziehung der natürlichen Schwankungen unseres Klimas in erdgeschichtlichen Zeiten aktuell eine Klimakatastrophe vorhersagen zu können?

Man kann mit Sicherheit davon ausgehen, dass die meisten Menschen weder eine geowissenschaftliche Vorbildung besitzen, noch, dass die Geowissenschaften zu ihren bevorzugten Hobbies gehören.

Daher muss man davon ausgehen, dass die übliche Art der Darstellung für das weltweite Klimageschehen bei den verantwortlichen Politikern und bei den interessierten Mitbürgerinnen und Mitbürgern zu der absurden Vorstellung einer Klimakonstanz auf unserer Erde geführt haben dürfte, die nur dann und wann durch die hinlänglich bekannten Eiszeiten unterbrochen worden ist.

Und die Beschränkung der relevanten Statistiken auf den Zeitraum seit der Industrialisierung, deren Beginn in etwa mit dem Ende der „kleinen Eiszeit" zusammenfällt, muss dann natürlich zwangsläufig zu einer Fokussierung auf den industriellen CO_2-Ausstoß führen.

Vom IPCC werden abweichende Erkenntnisse offenbar nicht hinreichend gewürdigt, obwohl der IPCC auf seiner Homepage (*Organization*) selbst den Anspruch erhebt, eine wissenschaftliche Einrichtung zu sein. In den physikalischen Grundlagen (The Physical Science Basis – [4]) des IPCC-Klimareports von 2007 fehlen denn auch Literaturbezüge zu „Klima-Abweichlern" wie Idso [19].

Auch die wissenschaftlich veröffentlichte Kritik von S. McIntyre and R. McKitrick an der Mann'schen Hockeystick-Kurve *(Geophysical Research Letters, 32)* wird dort nicht direkt zitiert, sondern findet sich lediglich als Sekundärzitat in den Referenzen zu [20], 6. Kapitel: Paläoklima, unter Huybers, P. (2005).

Und schließlich hat der Autor, aber nicht nur er (siehe U.S. Senate Minority Report [21]) bisher keinerlei öffentliche Richtigstellung des IPCC zum allgegenwärtigen Alarmismus in den Medien finden können. In den Medien werden Klimaveränderungen für die interessierte Öffentlichkeit ja üblicherweise als Katastrophenszenarien dargestellt.
Dem IPCC wird in diesem Report ([21], dort Seite 7 unten) übrigens sogar noch vorgeworfen, dass seine Zusammenfassung für politische Entscheidungsträger [10] nicht in einem wissenschaftlichen Konsens, sondern in einem politischen Abstimmungsprozess entstanden sein soll!
Dabei war der IPCC doch einst mit dem Anspruch angetreten, als Vermittler zwischen Wissenschaft und Weltbevölkerung zu wirken. Mit diesem hohen moralischen Anspruch hätte der IPCC aber wenigstens das ständig geforderte „Ende der Klimadiskussion" entschieden in der Öffentlichkeit zurückweisen müssen!

Es ist also gar kein Wunder, wenn für eine überwältigende Mehrheit der Bevölkerung in den Industrienationen die prophezeite Klimakatastrophe inzwischen eine Tatsache geworden ist.
In unserer hoch technisierten und arbeitsteiligen Welt muss der Einzelne inzwischen ja in vielen Lebensbereichen den Aussagen von Spezialisten glauben, weil er deren Arbeitsergebnisse gar nicht mehr fachlich nachvollziehen kann. Seine einzige Kontrollmöglichkeit besteht vielleicht gerade noch darin, zwischen Grundlagen und Ergebnissen eine gewisse Plausibilität herzustellen. Diese Möglichkeit wird den Bürgerinnen und Bürgern in der

Klimadiskussion aber allein schon durch die offiziellen Darstellungen über das Weltklimageschehen genommen, und man wird sich fragen dürfen:

Warum eigentlich?

o Etwa, weil um die prophezeite Klimakatastrophe herum inzwischen riesige nationale und internationale Behörden ein Eigenleben entwickelt haben?

o Oder weil die Medien mit Meldungen über zukünftige Katastrophenszenarien jederzeit die Aufmerksamkeit der geängstigten Bürgerinnen und Bürger fesseln können?

o Oder weil sich inzwischen wissenschaftlich-industrielle Lebensgemeinschaften entwickelt haben, deren einzige Lebensgrundlage die Subventionstöpfe zur Abwehr eben dieser Klimakatastrophe sind?

o Haben unsere Regierungen mit der Klimakatastrophe etwa endlich ein Thema gefunden, das neue Einnahmequellen eröffnet und gleichzeitig von wesentlichen innenpolitischen Problemen ablenkt?

o Verstärken wir mit unseren völlig unreflektierten Maßnahmen gegen die prophezeite Klimakatastrophe nicht bereits heute die Probleme der Dritten Welt?

o Ist der eingeschlagene Weg zur monokausalen Reduzierung des CO_2-Ausstoßes ökonomisch und ökologisch also wirklich sinnvoll oder gibt es bessere Alternativen?

Das Informationszeitalter hat die Welt zum Dorf gemacht; vielleicht haben wir deshalb vergessen, wie groß und vielschichtig unsere Erde wirklich ist:

Globale Problemstellungen erlauben uns keine nationale Kleingartenidylle, sondern erfordern globale Lösungen im erdgeschichtlichen Kontext.

Die Bedeutung von CO_2 für unser Klima

Die Erdfrühzeit, über die wir relativ wenig wissen, macht immerhin ca. 88 Prozent der gesamten Erdgeschichte aus. Wenn wir in Abbildung 5 den CO_2-Gehalt unserer Atmosphäre über den besser bekannten Teil der Erdgeschichte seit dem Kambrium betrachten, dann können wir hier ein stufenweises Absinken des CO_2-Gehaltes von einem Anfangswert von 0,5 auf 0,028 Prozent erkennen.

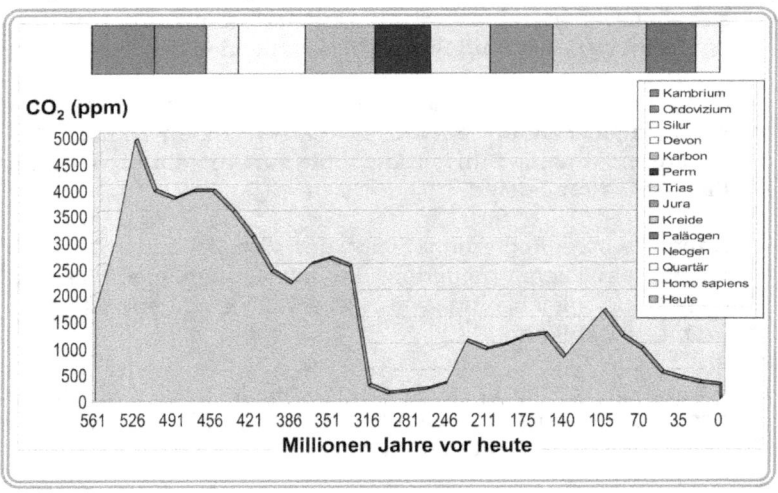

Abbildung 5: **CO_2-Gehalt unserer Erdatmosphäre (normiert auf einen vorindustriellen Wert von 0,028 Prozent=280 ppm)** mit den zugehörigen Erdzeitaltern aus Abbildung 2
Zusammenstellung des Autors aus unterschiedlichen Quellen

Im Kambrium beginnt spannenderweise die Entwicklung der Pflanzen. Durch die Photosynthese kam es in der Folge zu einem ständigen Absinken des CO_2-Gehaltes in unserer Atmosphäre. Erst dieses Zusammenspiel zwischen Photosynthese, CO_2-Gehalt und Sauerstoffproduktion hat das

Entstehen von tierischem Leben auf unserer Erde möglich gemacht. Kohlenstoff, von dem es, wie von allen Stoffen, nur eine begrenzte Menge auf unserer Erde gibt, ist dabei einem ständigen Kreislauf unterworfen: Er findet sich in der Biosphäre und in den Sedimentgesteinen der Erde, und als CO_2 in Atmosphäre und Hydrosphäre (also im Wasser). Der natürliche CO_2–Umsatz auf unserer Erde beträgt etwa 550 Gigatonnen pro Jahr ([**22.1**] und Abb. 1) und wird in einem natürlichen Kreislauf in unserer Biosphäre ständig umgesetzt. Darüber hinaus wird CO_2 auch von den schalenbildenden Organismen in dem chemischen Prozess zum Aufbau ihrer Kalkschalen benötigt.

Der pflanzliche CO_2-Kreislauf in der Biosphäre funktioniert im Prinzip folgendermaßen [**23**]: Für den Aufbau einer Tonne Holz (1.000 kg) aus der Photosynthese sind 1.851 kg CO_2 und 1.082 kg Wasser nötig; daraus entstehen dann neben dieser Tonne Holz 1.392 kg Sauerstoff und zusätzlich noch 541 kg Wasser.

Dieser pflanzliche Zyklus verläuft am Ende völlig sauerstoffneutral, denn wenn eine Pflanze abstirbt, wird bei ihrem Verrottungsprozess der zunächst gewonnene Sauerstoff in vollem Umfang wieder verbraucht.

Die Vegetation benötigt also für die Photosynthese CO_2 und Wasser und stößt dafür als Atemgift Sauerstoff aus. Dieser Sauerstoff wird von den tierischen Organismen zur Aufrechterhaltung ihrer Lebensfunktionen benötigt, die wiederum CO_2 als Atemgift zurückgeben.

In Umkehrung der üblichen CO_2-Argumentation könnte man aus dem permanenten Absinken des atmosphärischen CO_2-Gehaltes in geologischen Zeiten also auch einen Mangelprozess für das Spurengas CO_2 mit einer absoluten Minimalkonzentration von 0,028% postulieren.

Eine CO_2-Abschätzung

Der CO_2–Anteil in unserer Atmosphäre beträgt aktuell 0,038 Prozent, das sind dann insgesamt etwa 3.000 Milliarden Tonnen oder 3.000 **Giga**tonnen [22.2] CO_2. Die Weltmeere enthalten etwa die fünfzigfache Menge CO_2, also etwa 150.000 Gigatonnen. Der industrielle Eintrag von CO_2 in die Atmosphäre betrug im Zeitraum zwischen 1900 und 2002 insgesamt etwa 1.000 Gigatonnen, also ganz grob gerechnet knapp 1 Prozent der frei verfügbaren CO_2-Menge auf unserer Erde (in Atmosphäre und Meerwasser, ohne den geologisch gebundenen Kohlenstoffanteil).

Für einen vorindustriellen CO_2-Gehalt unserer Atmosphäre von 0,028 Prozent lässt sich die Gesamtmasse des ursprünglichen CO_2-Anteils unserer Atmosphäre demnach auf 2.210 Gigatonnen hochrechnen. Rein rechnerisch wären aus dem anthropogenen CO_2-Eintrag im 20-sten Jahrhundert also bereits etwa 190 Gigatonnen CO_2 wieder aus der Atmosphäre verschwunden und anderweitig gebunden worden, was sich aus der atmosphärischen Verweilzeit von CO_2 [22.1] von etwa 120 Jahren erklären ließe. Diese Menge entspricht aktuell etwa einem Fünftel des gesamten anthropogenen CO_2-Eintrages.

Die atmosphärische CO_2-Konzentration soll sich also durch den anthropogenen Eintrag von 1.000 Gigatonnen CO_2 von 280 ppm (Teile auf eine Million gleich 0,028%) auf aktuell etwa 380 ppm (=0,038%) erhöht haben.

Demnach soll also der anthropogene CO_2-Eintrag den atmosphärischen CO_2-Gehalt direkt beeinflussen. Vor einem natürlichen atmosphärischen CO_2-Kreislauf von 550 Gigatonnen im Jahr (Abb.1) wäre es aber höchst unwahrscheinlich, wenn der anthropogene CO_2-Ausstoß nicht auch sehr direkte Wege in diesen natürlichen CO_2-Kreislauf hinein finden würde!

Der natürliche atmosphärische CO_2-Kreislauf scheint in der Klimaforschung quantitativ offenbar noch gar nicht abschließend verstanden worden zu sein!

Es liegen aber auch historische Messwerte [24] vor, die für das gesamte industrielle Zeitalter eine CO_2-Konzentration von über 300 ppm nachweisen und damit keinerlei Anstieg durch die menschliche Nutzung fossiler Brennstoffe anzeigen.
Und es gibt noch einen weiteren interessanten Aspekt: Einige Wissenschaftler behaupten (z.B. [25]), der CO_2-Gehalt unserer Atmosphäre würde der Temperatur nachfolgen und nicht umgekehrt. Erklärt wird dieses Phänomen mit dem im Meerwasser gebundenen CO_2, das bei einer Temperaturerhöhung durch Veränderung des Lösungsgleichgewichtes ausgast. Danach wäre dann der gemessene Temperaturanstieg der vergangenen Jahrzehnte keine Folge des industriellen CO_2-Ausstoßes, sondern vielmehr umgekehrt, der Anstieg des CO_2-Gehaltes unserer Atmosphäre wäre das Ergebnis eines natürlichen paläoklimatischen Temperaturanstieges unserer Erde.

Neben dem industriellen CO_2-Ausstoß gibt es auch einen natürlichen CO_2-Eintrag in unsere Atmosphäre. Wir alle kennen die negativen Auswirkungen von Vulkanausbrüchen auf unser Klima. Dabei handelt es sich insbesondere um den Ascheausstoß der Vulkane, der für eine begrenzte Zeit die Sonneneinstrahlung auf unsere Erde behindern und damit zu einer lokalen Abkühlung führen kann. Der vulkanische CO_2-Eintrag geht in diesem spektakulären Geschehen zunächst einmal unter. So ist der vulkanische Gesamteintrag von CO_2 in unsere Atmosphäre bisher noch nicht einmal abschließend katalogisiert worden.
Wir wollen nachfolgend einmal abschätzen, wie denn unser Klima mit dem Eintrag von CO_2 aus Vulkanausbrüchen zu Recht gekommen sein mag, bei denen ja in kürzester Zeit erhebliche Mengen von CO_2 in die Atmosphäre ent-

lassen werden. So setzte zum Beispiel allein der Ausbruch des Mount St. Helens in den USA (1980) gut eine halbe **Gigatonne** CO_2 frei.

Für den Zeitraum zwischen 1510 und 2010 werden in der Literatur 734 historische Vulkanausbrüche auf unserer Erde angegeben [26]. Dabei neigen historische Angaben sicherlich dazu, lediglich Ereignisse zu überliefern, von denen Menschen einer der Schrift mächtigen Zivilisation direkt betroffen gewesen sind. Folgerichtig entfällt allein auf den Zeitraum von 1900 bis 2000 mit relativ vollständigen weltweiten wissenschaftlichen Aufzeichnungen etwa die Hälfte dieser Daten (367 Ausbrüche).

Gehen wir einmal davon aus, dass der Ausbruch des Mount St. Helens ein eher starkes vulkanisches Ereignis gewesen ist. Für einen durchschnittlichen Vulkanausbruch setzen wir also im Mittel einmal einen CO_2-Ausstoß von 100 Megatonnen an. Das Ergebnis wäre dann für das gesamte 20-ste Jahrhundert ein vulkanischer CO_2-Ausstoß von insgesamt etwa 37 Gigatonnen.

Das entspräche von der Größenordnung her in etwa dem aktuellen jährlichen CO_2-Eintrag der Menschheit. Wenn wir für permanente vulkanische CO_2-Ausgasungen noch einmal etwa die gleiche Größenordnung ansetzen würden, käme der weltweite natürliche CO_2-Ausstoß durch vulkanische Aktivitäten auf durchschnittlich etwa 2 Prozent des aktuellen **anthropogenen** CO_2-Eintrags und dürfte daher bei einer allgemeinen Betrachtung zu vernachlässigen sein.

Es gibt hier aber trotzdem noch einen Widerspruch: Für das Jahr 1980 betrug der gesamte anthropogene CO_2-Ausstoß etwa 20 Gigatonnen. Die halbe Gigatonne CO_2 aus dem Ausbruch des Mount St. Helens entspricht also immerhin 2,5 Prozent des gesamten anthropogenen Eintrags in 1980 und hat klimatisch offenbar keinerlei bleibende Spuren hinterlassen!

Wie wir bei der Erklärung zur Entwicklung der CO_2-Konzentration unserer Atmosphäre bereits gesehen haben, besitzt unsere Erde erst in den letzten ca. 12 Prozent ihrer gesamten Geschichte eine Biosphäre. Wenn wir uns die Entwicklung des Sauerstoffgehaltes unserer Atmosphäre in Abbildung 6 ansehen, dann stellen wir fest, dass der Anstieg der Sauerstoffkonzentration in der Erdatmosphäre von weniger als 5 Prozent auf über 20 Prozent recht gut mit der Entwicklung höherer Pflanzen und dem dadurch verursachten Absinken des CO_2-Verlaufs seit etwa 600 Millionen Jahren übereinstimmt.

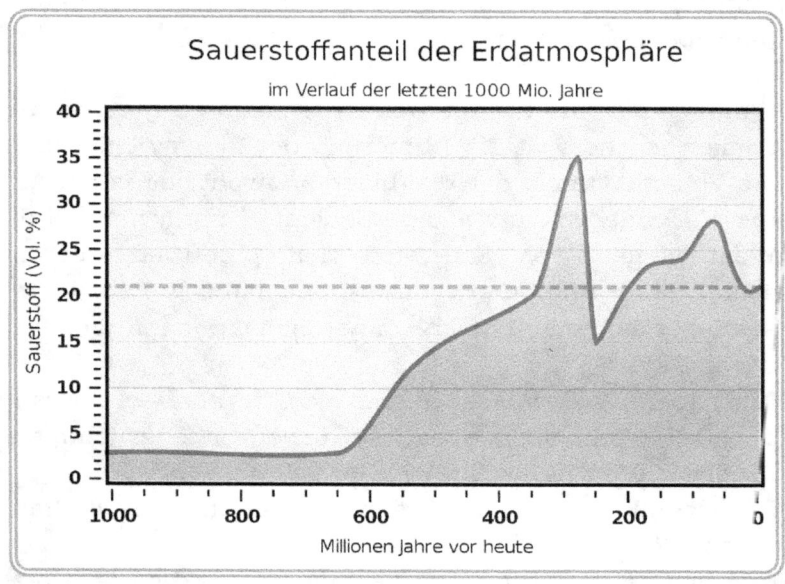

Abbildung 6: Sauerstoffgehalt der Atmosphäre in den vergangenen 1000 Millionen Jahren aus Wikipedia [27]

Das Pflanzenwachstum seit dem Kambrium schuf also erst den notwendigen Sauerstoffgehalt unserer Atmosphäre, um das Entstehen von höherem tierischen Leben auf unserer Erde zu ermöglichen.

Wir machen uns momentan erhebliche Gedanken um das CO_2 in unserer Atmosphäre, obwohl es in der jüngeren Erdgeschichte einen Wert von etwa 5 Promille (5.000 **ppm**) wohl niemals überschritten haben dürfte.

Anmerkung: Dieser Wert entspricht mit 0,5 Prozent CO_2 gerade einmal der maximal erlaubten Arbeitsplatzdosis für den Menschen!

Für den Menschen selbst geht also jetzt und in Zukunft keinerlei direkte Gefährdung vom CO_2-Gehalt unserer Atmosphäre aus. Selbst die höchste CO_2-Konzentration in der jüngeren Erdgeschichte läge noch im Rahmen der erlaubten Arbeitsplatzdosis.

Worüber wir uns dagegen offenbar keine so großen Gedanken machen, ist die Abholzung der Regenwälder und die Verschmutzung der Weltmeere, obwohl hier ja der für unser Überleben notwendige Sauerstoff produziert wird. Wenn nämlich kein Sauerstoff mehr produziert werden sollte, dann würden wir unsere Sauerstoff-Vorräte langsam aber sicher aufbrauchen und das wäre dann wirklich unser Ende!

Wir haben also panische Angst vor CO_2, aber achten wir dabei vielleicht nicht genug auf unsere lebenswichtigen Sauerstoff-Vorräte?

Kann es also sein, dass wir momentan „die falsche Sau durchs Dorf treiben"?

Die für uns lebenswichtige Sauerstoffproduktion ist trotz der fortwährenden Zerstörung großer Waldgebiete in den

Tropen und Subtropen unserer Erde in der Klimadiskussion bisher weitgehend unbeachtet geblieben. Nachzulesen ist diese Problematik zum Beispiel in dem Buch von Brandenburg und Paxson mit dem Titel: „*Wie der Erde die Luft ausgeht. Das Ende unseres blauen Planeten*" **[28]**.

Der natürliche pflanzliche Sauerstoffkreislauf verläuft kontinuierlich zwischen Wachstum und Zerfall und repräsentiert in der Spitze nur den bei Entstehung der aktuellen lebendigen Pflanzenmasse frei gesetzten Sauerstoff. Dieser Sauerstoff wird dann später bei der Verrottung des abgestorbenen Pflanzenmaterials wieder an Kohlenstoff gebunden.

Nach einer groben Abschätzung des Autors dürfte dieser aktuelle natürliche Sauerstoffkreislauf als Sauerstoffäquivalent der gesamten lebendigen Vegetation unserer Erde aber lediglich einen Beitrag von etwa 2 Prozent zum atmosphärischen Sauerstoff liefern.

(**Annahmen:** Waldbestand auf der Erde: 3.400.000.000 Hektar, ein Hektar Wald produziert 5,4 Tonnen Holz pro Jahr, das Wachstum einer Tonne Holz setzt 1,392 Tonnen O_2 frei, das mittlere Alter des Bestandes beträgt 100 Jahre, multipliziert mit einem Faktor 10 für die Gesamtvegetation.)

Die aktuell vorhandene Vegetation auf unserer Erde kann den Sauerstoffgehalt unserer Atmosphäre also nicht erzeugt haben!

Die nachfolgenden überschlägigen Abschätzungen zum Sauerstoffgehalt unserer Atmosphäre werden zeigen, dass dieser Sauerstoffgehalt dann wohl eher das Ergebnis einer natürlichen Kohlenstoffspeicherung in den fossilen Kohlenwasserstoffen sein dürfte (Abbildung 7).

Die Masse der gesamten Erdatmosphäre beträgt etwa $5{,}135 \cdot 10^{15}$ Tonnen [29] oder 5.135.000 **Giga**tonnen. Davon entfallen 23,135 Gewichtsprozent auf den für uns lebenswichtigen Sauerstoff, was für unsere Atmosphäre eine Masse von etwa 1.200.000 Gigatonnen Sauerstoff ergibt. Die Reserven und Ressourcen an reinem Kohlenstoff in den fossilen Energieträgern Öl, Kohle und Erdgas betragen nach gegenwärtigem Kenntnisstand weltweit etwa 12.500 Gigatonnen [30].

Anmerkung: Das Gewichtsverhältnis zwischen Kohlenstoff und Sauerstoff im CO_2-Molekül beträgt etwa 3 zu 8 (aus den Atomgewichten mit $C = 12$ und $O_2 = 2 \times 16$).

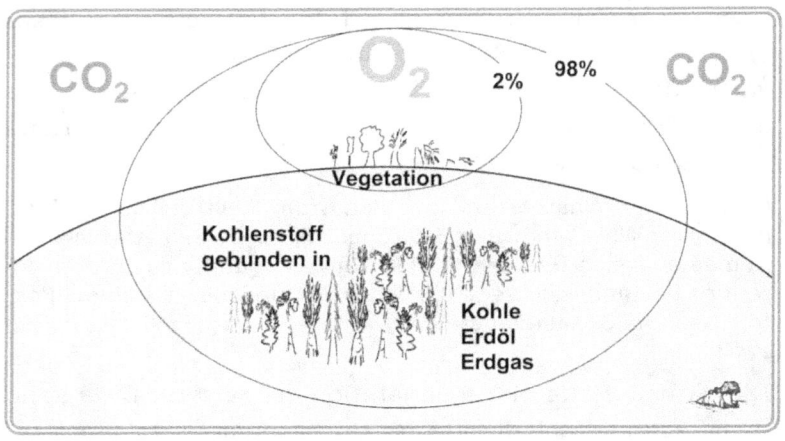

Abbildung 7: **Zur Herkunft des Sauerstoffs in unserer Atmosphäre**

Wenn man jetzt die gebräuchliche Abschätzung aus der Kohlenwasserstoffexploration übernimmt, nach der nur etwa 1 Prozent der einstmals entstandenen fossilen Kohlenwasserstoffe in den förderbaren Reserven und Ressourcen gebunden ist, dann erhalten wir für den gesamten fossil eingelagerten Kohlenstoff überschlägig ein Sauerstoffäquivalent von 3.300.000 **Giga**tonnen, also knapp das Dreifache der aktuellen atmosphärischen Sauerstoffmenge. Wir können unterstellen, dass im Laufe geologischer Zeiten etwa 50% der fossilen Kohlenwasserstoffe auf natürlichem Wege aus ihren Lagerstätten entwichen sind und wieder zu CO_2 **oxidiert** wurden. Weiterhin wird atmosphärischer Sauerstoff auch bei der **Oxidation** natürlicher Minerale gebunden, die durch vulkanische Aktivitäten neu generiert oder kontinuierlich durch die Bodenerosion frei gelegt werden.

Damit würde sich von den Größenordnungen her die Abschätzung bestätigen, dass wir den Sauerstoff unserer Erdatmosphäre im Wesentlichen der Kohlenstoff-Einlagerung (**Sequestrierung**) in natürlichen Lagerstätten über geologische Zeiten zu verdanken haben. Damals wurden ungeheure Mengen von Biomasse unter Sauerstoffabschluss in geologische Schichten verbracht und dort versiegelt. Diese Biomasse konnte daher nicht mehr verrotten und hat den einstmals bei ihrer Entstehung erzeugten Sauerstoff deshalb auch nicht wieder verbraucht.
Dieser Sauerstoff bildet nun den Hauptanteil des Sauerstoffs in unserer Erdatmosphäre als Gegenpart zu dem Kohlenstoff unserer fossilen Energieträger.

Vor dem Hintergrund, dass sich lediglich etwa 1 Prozent der in erdgeschichtlichen Zeiten generierten fossilen Kohlenwasserstoffe in technisch abbaubaren Lagerstätten angesammelt haben dürften, besteht durch den Sauerstoffverbrauch bei der Nutzung dieser fossilen Kohlenwasserstoffe auf absehbare Zeit also auch keine Gefahr für den Sauerstoffgehalt unserer Atmosphäre.

Der Treibhauseffekt als Klimamotor unserer Erde

Von manchen katastrophen-skeptischen Autoren wird die Existenz eines atmosphärischen Treibhauseffektes grundsätzlich bezweifelt. Der Name Treibhauseffekt mag ja tatsächlich etwas unglücklich gewählt sein. Aber unser Mond, der praktisch keine Atmosphäre besitzt und eine vergleichbare Sonneneinstrahlung wie unsere Erde erhält, hat auf seiner Tagseite eine Oberflächentemperatur von +130° Celsius und auf der Nachtseite sind es -160° Celsius; die mittlere Temperatur der Mondoberfläche beträgt also -15 Grad Celsius.

Der „natürliche" Treibhauseffekt in unserer Erdatmosphäre führt gegenüber einem Erdmodell ohne Atmosphäre zu einer Erhöhung der Durchschnittstemperatur an der Erdoberfläche um etwa 33 Grad. Er basiert auf der Einstrahlung von Sonnenenergie auf unsere Erde (Abbildung 8), die zeitverzögert als Wärmestrahlung über die Atmosphäre wieder an den Weltraum abgegeben wird. Wenn die Sonne nachts also keine Strahlung mehr zuliefert, kühlt sich dadurch die Atmosphäre wieder kontinuierlich ab.

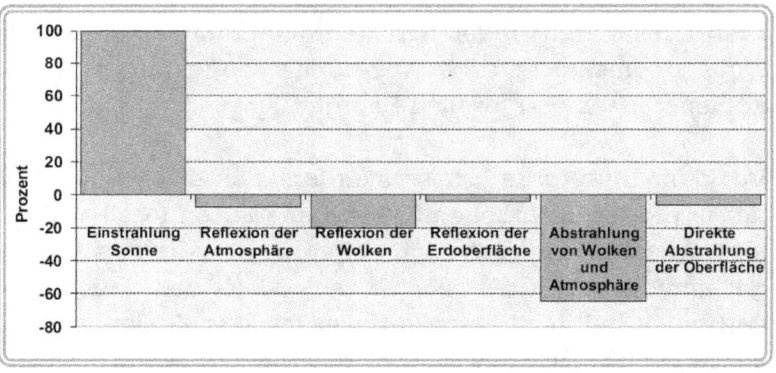

Abbildung 8: Aufteilung der Sonneneinstrahlung auf unserer Erde

Dieser kontinuierliche atmosphärische „Wärmestau" führt also schließlich zu einer gemittelten globalen Jahrestemperatur von etwa 14 Grad Celsius, die ein Leben auf unserer Erde überhaupt erst möglich macht.
Für unseren „Klimamotor" stehen nach Abbildung 8 etwa 65% der eingestrahlten Sonnenenergie zur Verfügung. Die Reststrahlung von ca. 35% wird in unserer Atmosphäre, von Wolken und von der Erdoberfläche direkt in den Weltraum zurück reflektiert und geht damit verloren. Als Antrieb für diesen natürlichen Treibhauseffekt wäre zunächst einmal der Wasserdampf als das wichtigste Treibhausgas auf unserem Planeten zu nennen (Abbildung 9). Etwa 65 Prozent des natürlichen Treibhauseffektes auf unserer Erde wird allein durch den Wasserdampf verursacht.

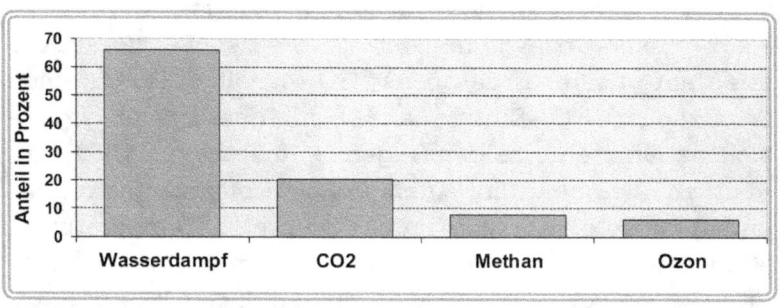

Abbildung 9: Die Einzelbeiträge zum natürlichen Treibhauseffekt in unserer Atmosphäre (gemittelt)

Dabei schwanken die Angaben für den Einfluss von Wasserdampf auf den natürlichen Treibhauseffekt in den Literaturangaben mit Werten zwischen 36 und 70 Prozent ganz erheblich. Die weiteren Beiträge zu dem natürlichen Treibhauseffekt liefern Kohlendioxid (CO_2), Methan und Ozon, wie in Abbildung 9 gezeigt wird. Die prophezeite Klimakatastrophe soll nun durch den zusätzlichen **anthro-**

pogenen Eintrag von Treibhausgasen, insbesondere von CO_2, in unsere Atmosphäre verursacht werden.

Bei diesem anthropogenen Treibhauseffekt, wie er als Katastrophenszenario in den Raum gestellt wird, gibt es aber aus geowissenschaftlicher Sicht ein generelles Verständnisproblem: Gleichgültig, ob nun die Temperatur dem CO_2-Gehalt folgen sollte oder umgekehrt, Tatsache ist, dass die CO_2-Konzentration im Meerwasser als unserem größten CO_2-Speicher temperaturabhängig ist. Das heißt ganz einfach, kaltes Meerwasser kann mehr CO_2 aufnehmen als warmes Meerwasser. Je weiter jetzt also die Temperatur des Meerwassers ansteigt, umso weniger CO_2 kann es festhalten und umso mehr CO_2 wird dann zusätzlich noch vom Meerwasser an die Atmosphäre abgegeben.

Nach dieser Gesetzmäßigkeit wäre jeder Temperaturanstieg auf unserer Erde höchst CO_2–sensibel. Durch einen zusätzlichen CO_2–Eintrag aus dem Meerwasser ergäbe sich nämlich eine selbsterregende Rückkopplung, die eigentlich zwingend in einer Art „Resonanzkatastrophe" enden müsste. Ein wie immer gearteter Temperaturanstieg unserer Erde würde durch die damit verbundene Freisetzung von CO_2 aus den Ozeanen diesen Temperaturanstieg durch einen zusätzlichen Beitrag zum Treibhauseffekt selbständig bis zu einem Temperaturmaximum verstärken. Bei einer vollständigen „Resonanzkatastrophe" würden dann vielleicht sogar alle freien CO_2-Vorräte unserer Erde aufgezehrt werden.

Eigentlich müssten schon unsere jahreszeitlichen Veränderungen oder ein starker **el Nino** [31] eine solche CO_2-Resonanz hervorrufen. Auch der CO_2-Eintrag durch Vulkanausbrüche in historischer Zeit hat offenbar keine selbstverstärkenden Klimaphänomene verursacht. Hier sind lediglich kurzfristige Abkühlungseffekte durch den vulkanischen Ascheeintrag in die hohe Atmosphäre bekannt geworden. Aber am Ende der letzten Eiszeit ist die Durchschnittstemperatur auf unserer Erde relativ schnell um bis zu 8 Grad angestiegen. Damals hätte es eigentlich durch einen analogen Anstieg der Meerestemperatur zu einer messbaren CO_2-Klimaresonanz kommen müssen. Bei einem Abgleich des Paläoklimas mit der CO_2-Konzentration über die Erdgeschichte (Abb.4, S.39 und Abb.5, S.46) ist dieses selbstverstärkende Phänomen aber trotz diverser starker Schwankungen in Temperatur und CO_2-Gehalt unserer Atmosphäre bis hin zu einem Maximalwert von 5.000 ppm (=0,5%) niemals beobachtet worden! Nebenbei bemerkt hätten die Stämme der Schalen bildenden Meerestiere, wie Muscheln und Korallen, eine längeren Zeitraum ohne im Meerwasser gelöstes CO_2 schließlich auch nicht überstehen können.

Lord Monckton ([32] und [Anhang III]) hat in einer heftig kritisierten Arbeit einen Bezug des Klimageschehens zur Selbsterregung von elektronischen Schaltkreisen hergestellt und ist aus dieser Betrachtung heraus zu einer Begrenzung der **Klimasensitivität** auf 1,2 Grad Kelvin für die Verdoppelung der Konzentration von CO_2 in der Atmosphäre gekommen. Diese Arbeit von Monckton bietet sich als hervorragender Analogieschluss für die Systemantwort unseres Klimas auf eine Veränderung seiner Einflussfaktoren an; schließlich hat es tatsächlich in erdgeschichtlichen Zeiten niemals eine klimatische Resonanzkatastrophe gegeben. Es muss also natürliche Dämpfungskreise im Zusammenspiel zwischen der Durchschnittstemperatur unserer Erde und dem natürlichen Treibhauseffekt der Atmosphäre geben, die offenbar bisher nicht hinreichend in die laufende Klimadiskussion eingegangen sind. Diese Dämp-

fungskreise scheinen zu verhindern, dass sich eine Veränderung von temperatursensiblen Parametern zu einer klimatischen Resonanz aufschaukeln kann. Ein natürliches Dämpfungsglied für den Treibhauseffekt in unserer Erdatmosphäre dürfte schon allein der Wasserdampf darstellen. In kleinen Konzentrationen begünstigt Wasserdampf den Treibhauseffekt, während er in großer Konzentration, zu Wolken zusammenballt, zusätzliche Sonnenenergie in den Weltraum reflektiert und damit den Treibhauseffekt wieder reduziert. Die natürliche Wolkenbildung gilt aber selbst beim IPCC als wissenschaftlich noch nicht vollständig verstanden!
Nach Svensmark [33] liefert die kosmische Partikelstrahlung Kondensationskerne für die natürliche Wolkenbildung. Die Dichte dieser Partikelstrahlung verläuft entgegen der Sonnenaktivität, weil das Magnetfeld der aktiven Sonne unsere Erde gegen diese Strahlung abschirmt. Diese Partikelstrahlung stellt also einen natürlichen Verstärkungseffekt für die natürlichen Schwankungen in der Sonneneinstrahlung dar. Vahrenholt und Lüning knüpfen hier mit Ihrem Buch „Die kalte Sonne" [34] an. Sie belegen darin die Wirksamkeit des vom Klima-Mainstream marginalisierten solaren Klimaantriebs als mindestens gleichbedeutend mit dem anthropogenen CO_2-Treibhauseffekt.

Den rechnerischen Zusammenhang zwischen dem CO_2-Gehalt unserer Atmosphäre und dem Treibhauseffekt hat der IPCC in einer vereinfachten Formel bei der Erklärung für das „Radiative Forcing" [20] angegeben. Daraus wird unmittelbar deutlich, dass die Treibhauswirkung von CO_2 eine logarithmische Funktion darstellt. Der Beitrag von jedem einzelnen Millionstel (ppm) Anteil atmosphärischen CO_2 zum Treibhauseffekt wird also nicht mit einem konstanten Wert aufsummiert. Vielmehr nimmt der Klimabeitrag von jedem zusätzlichen ppm CO_2 bei steigender Gesamtkonzentration von CO_2 stetig ab. In die Formel des IPCC [20] für die atmosphärische Treibhauswirkung von CO_2 kann man beispielsweise den von Idso [19] veröffentlichten Wert zur Umrechnung von Strahlungsenergie in einen Temperaturbeitrag einsetzen. Damit kann man dann den **anthropogenen** Klimabeitrag in Vergangenheit und Zukunft hochrechnen. Solche Berechnungen für das Temperaturäquivalent aus dem „Radiative Forcing" findet man zum Beispiel bei Archibald [35].

Im Anhang (III) dieses Buches hat der Autor einmal selbst versucht, allein auf Grundlage der Angaben des IPCC den künftigen Temperaturanstieg auf unserer Erde hochzurechnen. Das Ergebnis ist eigentlich ganz beruhigend, denn wir können unser Klimaziel zur Begrenzung des anthropogenen Treibhauseffektes auf maximal 2 Grad bis zum Jahre 2100 ohne eine grundsätzliche Reduktion des globalen CO_2-Ausstoßes und den damit verbundenen Kosten sicher erreichen.

Als Fazit lässt sich aber auch feststellen, dass mit den urbanen Wärmeinseln [8] bereits ein eindeutiger anthropogener Klimabeitrag nachweisbar ist. Dieser sicher nachgewiesene anthropogene Klimabeitrag ist aber gering und ließe uns deutlich mehr Zeit für einen koordinierten weltweiten Maßnahmenkatalog, als wir sie uns im Augenblick selber zugestehen wollen. In diesen Wärmeinseln liegt allerdings auch eine Gefahr für die Verfälschung von kontinuierlichen Temperatur-Messreihen bis hin zu einem falsch hochgerechneten globalen Temperaturanstieg.

Der natürliche Treibhauseffekt in unserer Atmosphäre ist für uns alle lebenswichtig und besitzt aller Wahrschein-

lichkeit nach eine „eingebaute" Selbstbegrenzung. Ob es dann wirklich eine so gute Idee ist, die Energie unseres Klimamotors als beliebig frei verfügbar für eine alternative Energieerzeugung anzusehen, soll nachfolgend noch etwas näher beleuchtet werden:
Der Welt-Energieverbrauch im Jahre 2004 betrug etwa 120.000 **Terra**watt-Stunden [36]. Die jährliche klimawirksame Sonneneinstrahlung (abzüglich der reflektierten Anteile) beträgt etwa 125.000 Terrawatt-Jahre oder etwa 1.100.000.000.000.000.000 kWh pro Jahr. Damit betrug im Jahre 2004 der Welt-Energieverbrauch etwa 0,1 Promille der insgesamt wirksamen Sonnenstrahlung auf unserer Erde.
Auf den ersten Blick mag das zunächst einmal sehr beruhigend klingen. Was kann ein Zehntausendstel Energieentnahme aus dem Klimamotor unserer Erde denn schon anrichten? Es handelt sich bei der obigen Abschätzung der Energierelationen allerdings um einen ganz groben Durchschnittswert, bei dessen Berechnung alle Flächen auf unserer Erde gleichberechtigt eingehen, gleichgültig, ob sie eine äquatoriale oder polare Lage haben. Bei einer engen geographischen Konzentration für die Entnahme von primärer (Strahlung) und sekundärer (Wind) Energie aus unserem Klimamotor würde sich dieser lokale Anteil aber deutlich erhöhen.
Und eine solche geographische Konzentration dürfte dann mit ziemlicher Sicherheit zu unerwünschten regionalen Klimaphänomenen führen, wenn nämlich die entnommene Energiemenge einen deutlichen Prozentsatz der lokal eingestrahlten Sonnenenergie erreichen sollte; umso eher, wenn der Wasserdampf als unser wichtigstes Treibhausgas von solchen Maßnahmen direkt in seiner Klimafunktion beeinflusst werden sollte!

Unser Sonnensystem und die Erde

Die Sonneneinstrahlung ist der Motor für das Klimageschehen auf unserer Erde. In Abbildung 10 ist das System Sonne-Erde vereinfacht dargestellt.

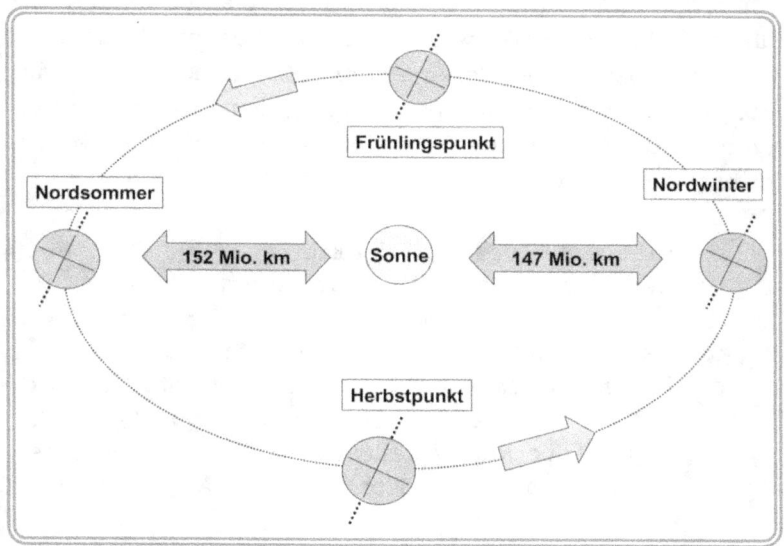

Abbildung 10: Das Erdjahr und die Umlaufbahn um die Sonne

Am Frühlings- und Herbstpunkt steht der **Projektionspunkt** der Sonne genau über dem Äquator der Erde. Im Nordwinter wandert er zum südlichen **Wendekreis**, was zur Folge hat, dass die nördliche Polkappe fortschreitend in die Schattenzone der Sonneneinstrahlung gerät; zur Wintersonnenwende sogar bis zum nördlichen Polarkreis. Zur gleichen Zeit herrscht auf der Südhalbkugel der Erde Sommer und der Südpol erhält bis zu 24 Stunden Tageslicht. Von der Wintersonnenwende an macht sich der **Pro-**

jektionspunkt der Sonne dann vom südlichen **Wendekreis** wieder nach Norden auf, überquert am Frühlingspunkt den Äquator und leitet den Nordsommer ein.

In der Folge wollen wir die Sonneneinstrahlung auf unserer Erde etwas näher betrachten, und zwar zunächst ganz ohne die **Winkelfunktionen** Sinus und Kosinus. Dazu müssen wir aber einige Vereinfachungen machen, die in der Folge zwar zu rechnerischen Ungenauigkeiten führen werden, die andererseits aber das Verständnis der Grundprinzipien stark vereinfachen dürften:

- Eine reine Kugelform der Erde
- Keine Atmosphäre, keine Wolken mit Streuung, Reflexion, Diffusion, etc.
- Keine Schwankung der Sonnenaktivität
- Keine Berücksichtigung der Exzentrizität der Erdbahn (Einfluss auf die Strahlung knapp 7%)
- Keine Topographie, alle Werte für ebene Flächen auf Meeresniveau = Normal Null (NN)

Abbildung 11 zeigt eine schematische Darstellung der Sonneneinstrahlung auf unserer Erde. Die Energiedichte der beiden dort dargestellten Lichtbündel von der Sonne ist zunächst einmal gleich. Auf einer Kugel wie unserer Erde werden aber je nach geographischer Breite unterschiedlich große Flächen von diesen gleich großen Lichtbündeln beschienen.

Die gelben Quadrate geben die von der Sonne ausgehende Strahlung an, die auf der Erde eingezeichneten gelben Flächen haben genau die gleiche Größe. Die rote Fläche in nördlicher Breite muss wegen der Erdkrümmung vom nördlichen Lichtbündel zusätzlich beleuchtet werden.

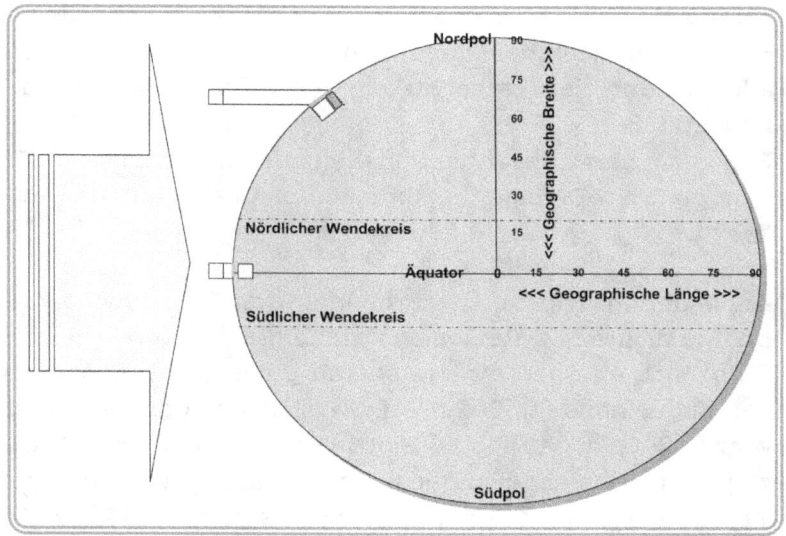

Abbildung 11: Die Abnahme der Strahlungsintensität der Sonne mit der geographischen Breite

Beide von der Sonne ausgehenden Lichtbündel sind also gleich groß und haben die gleiche Energiedichte. Das nördliche Lichtbündel muss aber eine größere Fläche auf der nach Norden gekrümmten Erdkugel beleuchten. Daher nimmt auf der Erdoberfläche die Energiedichte der Sonnenstrahlung pro Flächeneinheit mit dem Abstand vom Äquator nach Norden und Süden kontinuierlich ab.

Stellen wir uns einmal eine riesige Projektionswand vor, die senkrecht zur Ausbreitung der Sonnenstrahlen steht. Auf dieser Projektionswand hätten alle einfallenden Lichtbündel dann auch die gleiche Energiedichte. Beispiel für eine solche Projektion wäre unsere Sicht auf eine teilweise Mondfinsternis, bei der genau diejenige Teilfläche des vollen Mondes unbeleuchtet bleibt, auf die der Schatten unserer Erde fällt. Dabei sehen wir im äußeren Umriss dieser Sichel dann keinerlei Dämmerungszonen. Vielmehr haben alle Ränder der beleuchteten Mondsichel die gleiche Leuchtkraft.

Bei einem normal zu- oder abnehmenden Mond können wir dagegen den Dämmerungsbereich im Übergang zur Dunkelzone ganz deutlich erkennen.

Auf einer **Projektion** der Erdkugel, dem Kreis, wäre die Energiedichte der Sonneneinstrahlung also überall gleich. Da es sich aber um die wesentlich größere Oberfläche einer Kugel handelt, deren Fläche sich mit dem Abstand vom Fußpunkt der Sonne (hier über dem Äquator) immer weiter von den einfallenden Sonnenstrahlung wegkrümmt, ist die Energiedichte der einfallenden Sonnenstrahlung auf der Erdoberfläche eben nicht konstant, sondern nimmt zu den Polen hin kontinuierlich ab.

Betrachten wir einmal den Energieeintrag der Sonneneinstrahlung auf dem Weg vom Äquator zum Nordpol, wobei die Sonne genau am Anfang dieses Streifens direkt über dem Äquator stehen soll. Wegen der Erdkrümmung würde hierbei die Strahlungsintensität auf der Erdoberfläche pro Flächeneinheit zum Nordpol hin also immer weiter abnehmen.

Wenn wir diese Abschätzung dann über die Winkelfunktionen verfeinern, stellt sich die Energieausbeute auf der Erdoberfläche folgendermaßen dar: Bei 60 Grad geographischer Breite hat sie genau auf die Hälfte abgenommen, wie nachfolgend in Abbildung 12 gezeigt wird.

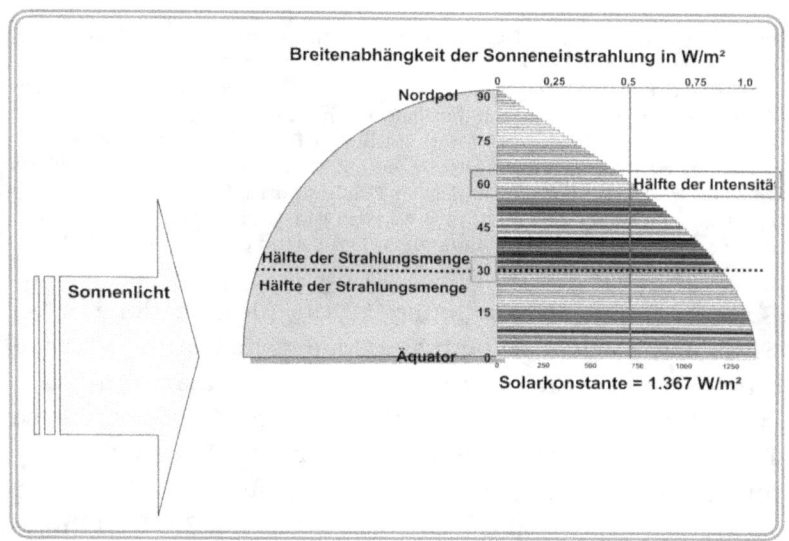

Abbildung 12: Die Breitenabhängigkeit der Sonnenstrahlung auf unserer Erde bei einem Sonnenstand direkt über dem Äquator

Die Solarkonstante gibt die Strahlungsdichte der Sonne im Weltraum an der Position der Erde an, und zwar ohne jede Beeinflussung durch die Erdatmosphäre oder die Erde selbst. In Abbildung 12 ist die Breitenabhängigkeit der Sonnenstrahlung im Verhältnis zur Solarkonstanten dargestellt, also die gesamte verfügbare Strahlungsenergie pro Flächeneinheit in Abhängigkeit von der geographischen Breite. Die nachfolgende Anmerkung ist für den mathematisch interessierten Leser gedacht, der sich nicht durch die Winkelfunktionen erschrecken lässt:

Berechnungsgrundlage für dieses Beispiel wäre ein Verlauf der Strahlungsintensität (Solarkonstante ohne Erdatmosphäre mit 1.367 W/m²) mit dem Kosinus der geographischen Breite.
Am Äquator, bei 0 Grad geographischer Breite, würde die Sonne genau senkrecht auf die Erdoberfläche scheinen. Diese Richtung entspricht also genau der zugehörigen Flächen**normalen** der Erdoberfläche. Der Kosinus

von 0 Grad ist gleich 1. Damit haben wir am Äquator die höchste Strahlungsintensität mit 1.367 W/m².
Im Verlauf unseres Weges nach Norden wird die Neigung der Flächen**normalen** gegenüber den Sonnenstrahlen immer größer. Im weiteren Verlauf erreichen wir auf 60 Grad nördlicher Breite eine Strahlungsintensität von 50 Prozent entsprechend einem Wert von 0,5 für den Kosinus von 60 Grad. Am Nordpol steht die Flächen**normale** dann genau senkrecht zu den Sonnenstrahlen und es wird gar keine Strahlungsausbeute mehr erzielt. Hier ist der Kosinus für 90 Grad dann gerade gleich Null.

Sehen wir uns in Abbildung 12 die Flächen der bunten Strahlungssegmente einmal genauer an. Diese Flächen sind ein Maß für die Menge an Sonnenstrahlung in Abhängigkeit von der geographischen Breite. Wenn wir diese Flächen ausschneiden und abmessen, würden wir feststellen, dass die Fläche zwischen dem Äquator und 30 Grad Breite genau so groß ist, wie die Fläche von 30 Grad Breite bis zum Nordpol, die insgesamt über 60 Breitengrade verläuft.

Für einen ganz grob gemittelten Durchschnittswert der Sonneneinstrahlung auf unserer Erde während ihres jährlichen Umlaufs um die Sonne heißt das: Die Hälfte der Strahlungsintensität der Sonne auf unserer Erde fällt immer in einen Bereich, der mit jeweils 30 Grad geographischer Breite nach Norden und Süden symmetrisch um den **Projektionspunkt** der Sonne herum belegen ist, der in dieser Betrachtung fest auf dem Äquator liegt. Da sich die Erde mit ihrer täglichen Rotation permanent unter der Sonne „wegdreht", entspricht dieser 50-Prozent-Bereich für die Strahlungsmenge über einen ganzen Tag dann also genau einen Gürtel von +/- 30 Grad um den Äquator. Genau hier liegt auch der Klimamotor unserer Erde. Durch die Primärenergie Sonnenstrahlung wird die Atmosphäre aufgeheizt und ungeheure Wassermassen verdunsten über den Land- und Meeresflächen. Das erwärmte Wasser in den Weltmeeren und die warme, wassergesättigte Luft treiben dann, sozusagen als „Sekundärenergie", die globalen Meeres- und Luftströmungen an. Die Polkappen dagegen fungieren als die „Kühlaggregate" dieses Systems. Damit ist aber auch die Existenz der Nord-Süd verlaufenden Meeresströme eher zwangsläufig vorgegeben, denn nur zwischen den Kontinenten kann ein kontinuierlicher Austausch zwischen warmem und kaltem Wasser überhaupt stattfinden. So wird zum Beispiel auch unsere „Zentralheizung", der Golfstrom, aus den Tropen gespeist.

Anmerkung: Die jenseits von 30 Grad Nord und Süd anschließenden Flächen bis zu den Polen überdecken jeweils eine Breitenzone von 60 Grad. Sie erhalten in unserer vereinfachten statischen Betrachtung auf der Nord- und Südhalbkugel jeweils ein Viertel der gesamten Energie aus der Sonneneinstrahlung, in der Summe insgesamt also ebenfalls 50 Prozent.

Um das Bild nicht zu komplizieren, hatten wir in dieser Betrachtung bewusst die Schiefe der Erdachse (**Ekliptik**) und die daraus resultierenden jahreszeitlichen „Kippbewegungen" vernachlässigt. Sie führen zusätzlich zu einer scheinbaren jährlichen Wanderung der Sonne zwischen den beiden **Wendekreisen** bei jeweils 23°26'16" Nord und Süd. Dadurch verschiebt sich dann der äquatoriale 50-Prozent-Gürtel (für die Hälfte der Strahlungsmenge) in der Realität entsprechend den Jahreszeiten weiter nach Norden bzw. Süden.

Die globalen Strömungssysteme (Abbildung 13) sind die Transportwege unserer Erde für Wärme und Wasser. Die Meeresströmungen sorgen dabei für einen kontinuierlichen Wärmetransport, während die Luftströmungen, und damit sowohl die Lufttemperatur selbst als auch die mitgeführte Wassermenge in den Wolken, starken jahreszeitlichen Schwankungen unterliegen. In den unten gekennzeichneten Hadley-Zellen spielt sich die tropische Luftzirkulation mit den Passatwinden ab; die Ferrel-Zellen bilden die Westwindzonen ab. Die Windsysteme selbst sind dann in Abbildung 33 auf Seite 135 dargestellt.

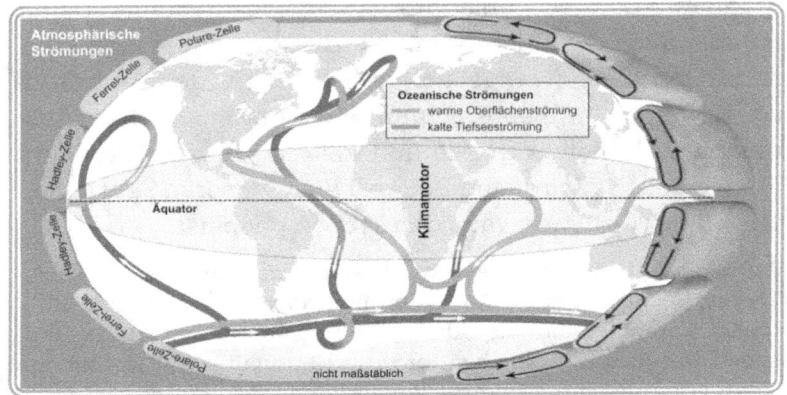

Abbildung 13: Die globalen Strömungssysteme in Atmosphäre und Weltmeeren mit **[37]** und **[38]** aus Wikipedia

Abbildung 13 ist damit ebenfalls unter der „Creative Commons-Lizenz 3.0 Unported" (Namensnennung - Weitergabe unter gleichen Bedingungen) lizenziert

Es wird aus dieser stark vereinfachten Darstellung hoffentlich klar, dass wir aus dem Klimamotor unserer Erde nicht beliebige Energiemengen entnehmen können, ohne damit nicht auch unser Klima selbst zu beeinflussen. Sonnenenergie ist auf unserer Erde zwar ständig und in ungeheurer Menge verfügbar, aber wirklich wertfrei ist diese „erneuerbare Energie" deshalb leider nicht; denn sie ist bereits fest in unsere Klimakreisläufe eingebucht.

Für eine detailliertere Betrachtung von Wetter und Klimageschehen sei hier auf die fachspezifische Allgemeinliteratur verwiesen, zum Beispiel auf die gut bebilderte „Einführung in die Wetterkunde" **[39]**.

Die Jahreszeiten

Die Sonneneinstrahlung hat hier bei uns in etwa 50 Grad nördlicher Breite am Frühlings- und Herbstpunkt etwa 65% der möglichen Strahlungsintensität. Eine Betrachtung zum Zeitpunkt der Sommer- und Wintersonnenwende zeigt für unsere geographische Breite erhebliche Unterschiede in den Extremwerten der Intensität der Sonneneinstrahlung. Diese Extremwerte sind in Abbildung 14 dargestellt.

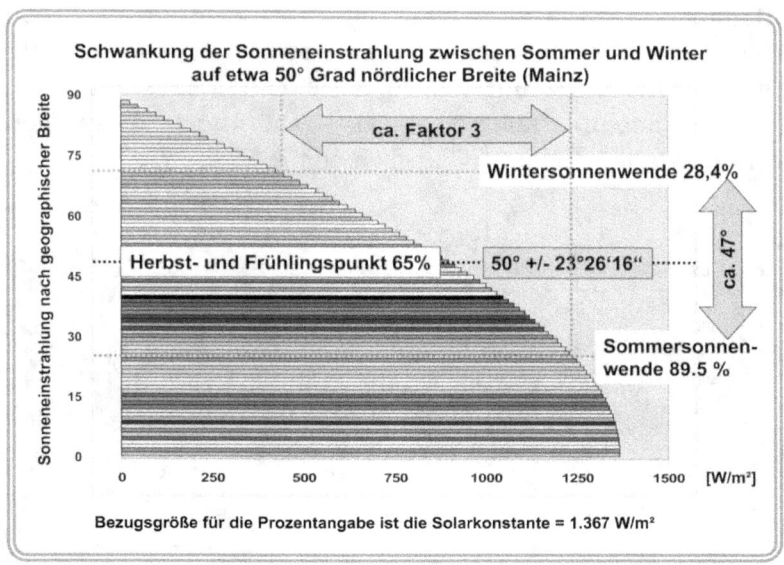

Abbildung 14: Jahreszeitliche Schwankung der Sonneneinstrahlung auf 50 Grad nördlicher Breite

Zwischen Sommer- und Wintersonnenwende schwankt unsere relative Lage zu einem vertikalen Sonnenstand nämlich um etwa 47 Grad. Dieser Wert entspricht genau der scheinbaren Wanderung der Sonne zwischen den beiden **Wendekreisen**. Deshalb verändert sich bei uns das Strahlungsaufkommen zwischen Winter und Sommer etwa um den Faktor 3. Im Sommer kommen wir hier (auf etwa 50 Grad nördlicher Breite) immerhin fast auf 90% der möglichen Maximaleinstrahlung unserer Sonne, im Winter sind es dagegen nur noch knapp 30 Prozent.

Dieser extrem unterschiedliche Energieeintrag der Sonneneinstrahlung macht unsere Jahreszeiten aus (Abbildung 15). Die unterschiedlichen Tageslängen zwischen Sommer- und Winterhalbjahr sind in diesem Beispiel noch nicht einmal berücksichtigt. Eine Betrachtung der tatsächlichen **Globalstrahlung**, also der Leistungsausbeute aus der Sonneneinstrahlung, würde daher noch wesentlich größere jahreszeitliche Unterschiede aufzeigen.

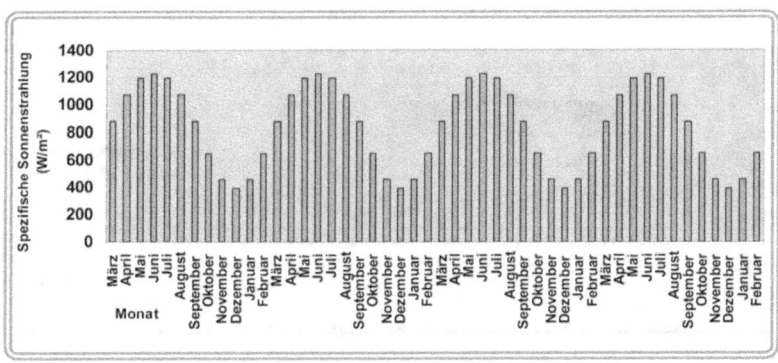

Abbildung 15: Die (vereinfachte) jahreszeitlich wechselnde Sonneneinstrahlung in 50 Grad nördlicher Breite

Es wird aus Abbildung 15 sofort deutlich, dass wir in unserer Breite erhebliche Probleme haben werden, unseren Energiebedarf über den Jahresverlauf hinweg kontinuierlich durch Solarenergie abzudecken. Denn in die energiearme Winterzeit fällt auch noch unser größter Energiebedarf. Es ist deshalb genau der bereits beschriebene 30 Grad- (entsprechend 50-Prozent) -Gürtel um den Äquator herum, der in unseren Planungen für die Gewinnung alternativer Energien eine besondere Rolle spielt. Nur hier würde sich der Aufbau von Solarkraftwerken wirtschaftlich wirklich rechnen und genau hier befindet sich auch der Klimamotor unserer Erde.

Eine Entnahme des Weltenergieverbrauches aus der Sonnenstrahlung durch alternative Energiegewinnung wäre über die gesamte Erdoberfläche betrachtet mit 0,1 Promille des Gesamtaufkommens der Sonnenstrahlung eher zu vernachlässigen. Bei einer flächenmäßigen Verdichtung einer solchen alternativen Energieentnahme auf den äquatorialen Gürtel müssten wir dagegen sehr wohl Rückwirkungen auf unser Klima erwarten – die Aga-Kröte lässt grüßen!

Also: So ganz wertfrei sind unsere Träume von alternativer Energiegewinnung nun leider auch wieder nicht!

Wirklich wertfrei sind hier auf unserer Erde nämlich nur die gravitative Wasserkraft, die Erdwärme und die Gezeitenenergie. Diese Energieformen sind unabhängig von der Sonnenstrahlung und gehen ohne menschliche Nutzung auf natürlichem Wege im Gesamtsystem unter.

Das Kleingedruckte: Im Hinblick auf unerwünschte klimatische Nebenwirkungen durch die Nutzung regenerativer Energien fragen Sie bitte Ihren Klimaforscher oder Meteorologen.

Langperiodische natürliche Klimaschwankungen

Langperiodische natürliche Klimaschwankungen auf unserer Erde werden nach dem serbischen Mathematiker Milutin Milanković als Milanković-Zyklen [40] bezeichnet.

Diese natürlichen Veränderungen des Paläoklimas sind auf Schwankungen der Bahnparameter unserer Erde in

 Präzession (Taumelbewegung der **Ekliptik** um die Senkrechte zur Erdbahnebene),

 Obliquität (Änderung der Schiefe der **Ekliptik**) und

Exzentrizität (Veränderung in der Ellipsenform unserer Erdbahn um die Sonne)

zurückzuführen und können aus den natürlichen Klimaarchiven unserer Erde, wie zum Beispiel Sedimentabfolgen, Baumringen, Tropfsteinen, Korallen oder Eisbohrkernen abgeleitet werden. Abbildung 16 zeigt eine solche frühe Darstellung von Köppen und Wegener [41] aus den zwanziger Jahren des vergangenen Jahrhunderts.

Es ist dort unschwer zu erkennen, dass sich unser Erdklima ständig und mit einer Wiederkehrdauer (**Periode**) von etwa 25.000 Jahren verändert. Diese Periodizität unseres

Klimas stimmt ziemlich genau mit der **Präzession** unserer Erdachse überein.

Wir haben in Abbildung 10 gesehen, dass im Nordsommer der Abstand zwischen Erde und Sonne am größten ist. Durch die **Präzession** der Erdachse verschieben sich nun etwa alle 12.500 Jahre die Positionen der Sommerpunkte dergestalt, dass der kürzere Sonnenabstand wechselseitig im Nord- und Südsommer eintritt. Da das Verhältnis von Land- und Meeresflächen auf den beiden Erdhalbkugeln aber höchst unterschiedlich ist, dürfte dieses Phänomen einen messbaren Einfluss auf unser Klima ausüben.

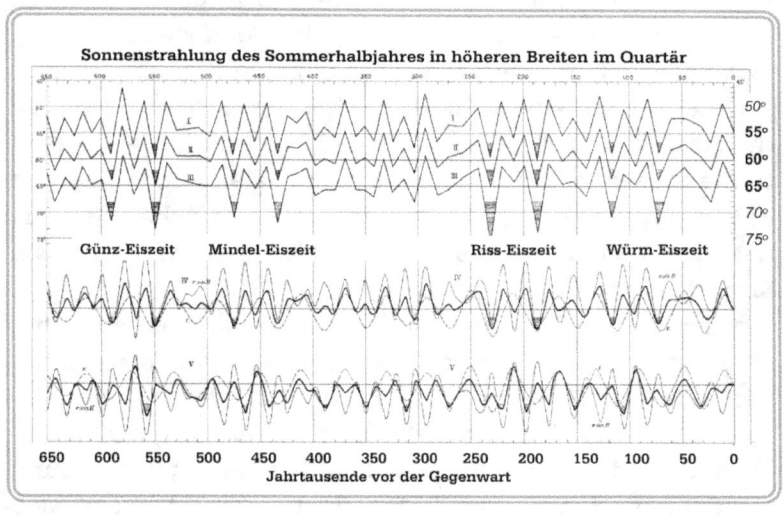

Abbildung 16: **Das Klima in der geologischen Vorzeit von Köppen und Wegener** aus Wikipedia [41]

Aus den Klimaarchiven unserer Erde lassen sich auch Klimaschwankungen mit längeren Perioden ableiten. Nach den Berechnungen von Milanković werden diese zyklischen Klimaveränderungen von Änderungen in der Neigung unserer Erdachse (Obliquität) und in der Exzentrizität der Erdbahn um die Sonne hervorgerufen. Die Neigungsänderung unserer Erdachse (Obliquität) verändert die klimatische Auswirkung der zuvor bereits beschriebenen Präzessionsbewegung durch eine Vergrößerung bzw. Verkleinerung des Präzessionswinkels im Rhythmus von etwa 40.000 Jahren.

Die Exzentrizität der Umlaufbahn unserer Erde um die Sonne schwankt mit einer Periode von etwa 100.000 Jahren zwischen einer nahezu kreisförmigen Gestalt und einer Ellipse. Die Ellipsenform führt im Jahresablauf zu Schwankungen in der Entfernung zwischen Erde und Sonne, die sich in einer Intensitätsänderung der Sonneneinstrahlung zwischen **Perihel** und **Aphel** niederschlagen. Als Ursache für die schwankende Exzentrizität der Erdbahn werden die Anziehungskräfte der großen Planeten Jupiter und Saturn angesehen. Bei den Milanković-Zyklen handelt es sich daher physikalisch gesehen um ein chaotisches System, das eine Lösung für das Keplerproblem mit mehr als zwei Körpern darstellt.

Ein kompletter Durchlauf durch die schwankenden Bahnparameter unserer Erdbahn würde nach den Berechnungen von Milanković etwa 100.000 Jahre dauern. Die einzelnen Milanković-Periodizitäten sind relativ genau berechenbar und ergeben in ihrer Summe eine Art Schwebung mit der Periode von etwa 25.000 Jahren aus der Präzession und periodisch wechselnden Amplitudenwerten aus Obliquität und Exzentrizität. Diese rechnerischen Ergebnisse werden üblicherweise mit paläoklimatischen Klimaproxis abgeglichen (Abbildung 17 auf S. 79).

Anmerkung: Interessanterweise könnte es hier auch physikalische Zusammenhänge mit der aktuellen Kollisionstheorie für die

Entstehung unseres Mondes geben. Diese Theorie wurde 1975 von Hartmann und Davis veröffentlicht [42]. Danach soll die noch ganz junge Erde schleifend mit einem marsgroßen Nachbarplaneten kollidiert sein, wobei unser Mond aus herausgeschleuderter Erdmaterie entstanden sei. Eine solche schleifende Kollision könnte unserer Erde deshalb möglicherweise einen zusätzlichen Bewegungsimpuls vermittelt haben. Und dieser Bewegungsimpuls könnte nun die Erde um ihre vormalige Gleichgewichtslage zum Zeitpunkt dieses Einschlages schwingen lassen. Solche zusätzlichen Schwingungen wären mangels Bremswirkung über die Erdgeschichte erhalten geblieben und könnten so auch Schwankungen in den Erdbahnparametern erklären.

Jedenfalls ist die Geologie über die Theorie von Milanković höchst erfreut, weil nämlich nirgendwo auf unserer Erde Sedimentgesteine zu finden sind, die über Jahrmillionen wirklich komplett einheitlich abgelagert worden sind, obwohl sich das generelle **Paläoklima** oder die relative Position des entsprechenden Ablagerungsraumes zum Äquator (Stichwort: Kontinentalverschiebung) gar nicht wesentlich verändert haben.

Neben erklärbaren jahreszeitlichen Schwankungen gibt es in großen, relativ einheitlichen Gesteinspaketen nämlich immer auch länger periodische Strukturen, die bei genauerer geologischer Betrachtung als regelmäßige wiederkehrende Veränderungen der jeweiligen Ablagerungsverhältnisse gedeutet werden.

Aus diesen Erkenntnissen heraus hat sich in den vergangenen Jahrzehnten die geologische **Sequenzstratigraphie** entwickelt. Grundlage der Sequenzstratigraphie sind eiszeitlich schwankende Meeresspiegel, die zu einer relativen Lageänderung von Erosions- und Sedimentationsräumen in Bezug auf die geologischen Transportwege führen.

Konsequenzen aus dem natürlichen Klimageschehen

Wir haben jetzt die wesentlichen geowissenschaftlichen Antriebsmechanismen für unseren Klimamotor kennengelernt. Was wir allerdings nicht oder nicht ausreichend kennen, sind die Mechanismen, mit denen diese Regelkreise zusammenwirken. Vor dem dargestellten erdgeschichtlichen Hintergrund bietet es sich für uns jedenfalls nicht an, eine reine CO_2-Vermeidung um jeden Preis zu betreiben und alle anderen Einflussfaktoren einfach zu ignorieren. Schließlich können wir unsere wirtschaftlichen Ressourcen nur einmal ausgeben, und dafür sollten wir dann wenigstens ein optimales Preis-Leistungs-Verhältnis erzielen. Am Ende sollten wir dann also mehr Werte schaffen, als wir ursprünglich eingesetzt haben.

Mit dem Wissen um die fortwährende Veränderlichkeit unseres Weltklimas müsste von den **Protagonisten** einer Klimakatastrophe also jedenfalls die Erklärung eingefordert werden, wo wir denn aktuell im natürlichen Klimaverlauf unserer Erde eigentlich stehen:

Leben wir momentan in einer natürlichen Klimaerwärmung oder in einer natürlichen Abkühlungsphase unseres Erdklimas? Die Antwort auf diese Fragestellung wäre nämlich entscheidend für die Zeit, die uns für unser weiteres Vorgehen zur Verfügung stehen würde. Bisher hat der Klima-Mainstream die Abhängigkeit unsers Klimas vom natürlichen Paläoklima aber permanent marginalisiert.

In Abbildung 17 ist ein Vergleich zwischen Temperaturdaten aus den Vostok-Eisbohrkernen (Daten: **[43]**) und rechnerisch approximierten Milanković-Zyklen (Formel: **[44]**) dargestellt. Das Klima unserer Erde steht demnach tatsächlich in einem Temperaturmaximum. Unser gegenwärtiges Temperaturoptimum besteht schon seit etwa 12.000

Jahren und aus dem natürlichen Verlauf der Milanković-Zyklen geht hervor, dass es bei einer durchschnittlichen Gesamtdauer von etwa 10.000 bis 15.000 Jahren bereits in sehr naher geologischer Zukunft zu Ende gehen wird.

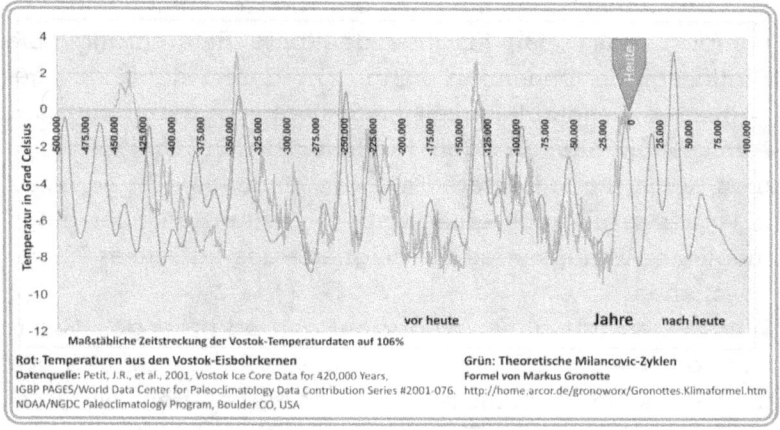

Abbildung 17: Vergleich der Vostok-Temperaturdaten mit theoretischen Milanković-Zyklen   Referenz: Daten [43] und Formel [44]

Allerdings ergibt sich aus der natürlichen Entwicklung des Paläoklimas heraus vorher auch noch die Möglichkeit für einen kurzfristigen Temperaturanstieg von weiteren 2 Grad Celsius gegenüber heute, bevor dann für etwa 50.000 Jahre ein Temperaturabfall zwischen -4 und -6 Grad Celsius und danach für weitere 50.000 Jahre von -6 bis -8 Grad gegenüber der aktuellen Durchschnittstemperatur eintreten wird.

Wenn wir also schon den anthropogenen CO_2-Ausstoß für die kommenden Jahrhunderte hochrechnen, dann sollten wir auf keinen Fall den natürlichen Klimaverlauf außer Acht lassen. Denn die vorgesehenen Maßnahmen zur Begrenzung des **anthropogenen** Eintrags von Klimagasen in die Erdatmosphäre könnten damit am Ende unserer eigentlichen Zielsetzung zu einer Stabilisierung unseres aktuellen Weltklimas diametral entgegen laufen und den natürlichen Klimatrend zu einer neuen Eiszeit hin eher noch unterstützen.

Das Klimageschehen auf unserer Erde ist nämlich leider so komplex, dass man für jede denkbare Befürchtung eine Einflussgröße benennen kann, um damit dann die gewünschte Gesetzmäßigkeit nachzuweisen; natürlich unter Auslassung aller übrigen Einflussfaktoren. Und es kommen immer noch weitere Faktoren hinzu; so gibt es heute beispielsweise auch eine konträre Diskussion über einen möglichen Einfluss des Erdmagnetfeldes auf unser Klimageschehen.

Wir können uns daher weder auf den anthropogen verursachten Temperaturanstieg verlassen, noch können wir uns jetzt schon auf eine neue Eiszeit vorbereiten. Wir müssen vielmehr unsere Klimamodelle so genau abstimmen, dass alle klimabestimmenden Faktoren darin korrekt wiedergegeben werden. Nur so können wir uns überhaupt ein zutreffendes Bild vom künftigen Klimageschehen auf unserer Erde machen.

Es gibt übrigens neuere Forschungsergebnisse, die uns aus der aktuellen Entwicklung der Sonnenflecken heraus gerade eine weitere „kleine Eiszeit" vorhersagen [45], wie sie ja bereits einmal im Mittelalter aufgetreten ist. Damals hatte diese „kleine Eiszeit" zu Hungersnöten und Auswanderungswellen geführt. Noch kann die Wissenschaft nicht mit Sicherheit sagen, wie sich der nächste 11-jährige Sonnenfleckenzyklus entwickeln wird. Nach neuesten Forschungsergebnissen hat sich aber die aktuelle Verteilung der Sonnenflecken auf der Sonnenoberfläche gegenüber der üblichen Normalverteilung bereits deutlich verändert.

Anmerkung: Bemerkenswert ist vielleicht auch, dass es eine ernsthafte Diskussion unter Klimawissenschaftlern darüber gibt, ob die mittelalterliche „kleine Eiszeit" und das gleichzeitig beobachtete Sonnenfleckenminimum rein zufällig auf denselben Zeitraum gefallen sind oder ob es sich dabei um einen ursächlichen Zusammenhang handelt.
Wie wir gesehen haben, treibt die Sonne mit einer durchschnittlichen Strahlungsleistung von 1.367 Watt pro Quadratmeter den Klimamotor auf unserer Erde an. Der Wärmetransport aus dem heißen Erdinneren an die Erdoberfläche beträgt dagegen nur 0,07 W/m^2 oder 70 Milliwatt pro Quadratmeter [46]! Nur zum Vergleich: In einem normalen Sonnenfleckenminimum verringert sich die Strahlungsleistung der Sonne um etwa 1 Promille [6] oder etwa 1,37 Watt pro Quadratmeter. Allein die Sonneneinstrahlung und ihre Wechselwirkungen mit unserer Atmosphäre stehen zwischen uns und der Temperatur im Weltraum von etwa -270 Grad Celsius [47], die nahe am **absoluten Nullpunkt [48]** liegt! Deshalb sollte sich von vornherein jeder Zufall zwischen Schwankungen der Sonnenaktivität und Klimaschwankungen auf unserer Erde ausschließen lassen! Der aktuelle Wissensstand über den solaren Klimaantrieb wird in dem Buch von Vahrenholt und Lüning, „Die kalte Sonne" [34], ausführlich dargestellt.

Hier hat sich die moderne Klimaforschung offenbar in ihrer eigenen Argumentation verfangen:
Um überhaupt einen reinen CO$_2$-Antrieb für unsere aktuellen Klimaschwankungen postulieren zu können, musste sie sich von der Paläoklimatologie lösen - und jetzt steht sie hilflos vor der generellen Variabilität unseres natürlichen Erdklimas!

Die Milliarden Jahre während natürliche Klimageschichte unserer Erde wurde durch die Industrialisierung ja nicht einfach abgebrochen, sondern sie setzt sich weiterhin fort. Es bleibt also die Frage, wo die gesicherten Erkenntnisse der Geowissenschaften in den Hochrechnungen für das künftige Weltklima eigentlich abgeblieben sind.

Denn es kann, geologisch gesehen, auf unserer Erde eigentlich nur noch kälter werden, und zwar ziemlich genau um -4 bis -8 Grad Celsius!

Der Mensch

Entwicklung des Menschen

Unsere Erde ist also bereits 4,6 Milliarden Jahre alt. Der moderne Mensch existiert aber erst seit 400.000 Jahren, mit seinen älteren Entwicklungsstufen seit Abspaltung unserer Linie von gemeinsamen Vorfahren mit den Primaten werden es insgesamt etwa 2 Millionen Jahre sein.

Den größten Teil dieser 400.000 Jahre hat der moderne Mensch als Raubtier direkt von der Natur gelebt, sprich als Jäger und Sammler. Dabei hat der Mensch offenbar sehr frühzeitig in den Haushalt der Natur eingegriffen und war eventuell sogar am Aussterben der eiszeitlichen Großsäuger beteiligt.
Irgendwann hat der Mensch dann angefangen, Nutztiere zu domestizieren und als nomadisierender Hirte zu leben.

Aber erst nach der letzten Eiszeit, vor etwa 10.000 Jahren, kam es zu einer epochalen Veränderung: Der Mensch wurde zum Bauern.

Von da an veränderte der Mensch aktiv und willentlich seine Umwelt: Er hat großräumig Wälder gerodet und bereits sehr frühzeitig diejenigen Wildtiere systematisch bekämpft, die seinen Herden gefährlich werden konnten. So reichte beispielsweise der ursprüngliche Lebensraum des Löwen einst bis weit nach Europa hinein. Aus der Antike ist noch die Existenz von Löwen auf dem Balkan überliefert; ihr Aussterben dort wird auf das erste Jahrhundert nach Beginn unserer Zeitrechnung datiert [50].

Bei der Betrachtung von historischen Zeiträumen nehmen wir üblicherweise die geschichtlichen Geschehnisse als Tatsachen hin und stellen dabei eher die überlieferten Zahlen in den Vordergrund.

Aber wenn wir für den überwiegenden Teil der historischen Menschheitsgeschichte eine bäuerliche Kultur mit einfacher Technologie voraussetzen, dann sollten uns eigentlich Ereignisse wie die „Völkerwanderung" in Nordeuropa, die „Wikingerkriege" und der „Hunnensturm" sehr neugierig machen!

Denn es gibt für eine ortsgebundene bäuerliche Kultur doch nur zwei wirkliche Gründe, um den angestammten Lebensraum zu verlassen: Vertreibung und Hungersnot, wobei diese beiden Faktoren auch ursächlich zusammenhängen können.

Denn die Existenzgrundlage einer ortsgebundenen bäuerlichen Bevölkerung lag zu den Zeiten der genannten Ereignisse bereits mehrheitlich auf der landwirtschaftlichen Produktion, außer vielleicht bei Hunnen und Mongolen als Hirtennomaden. Jagen und Sammeln konnte also bei einer räumlichen Bindung an die erforderlichen Anbauflächen nur noch einen Zusatzfaktor für die Ernährung darstellen.

Eine Wanderung solcher bäuerlicher Gruppen aus freiem Willen wäre daher in einer ersten Annäherung absurd, weil sich eine solche Gruppe dann von ihrer regelmäßigen Nahrungsgrundlage entfernen würde und die Versorgung mit Nahrungsmitteln dem Zufall überlassen bliebe. Für das mittlere und nördliche Europa käme als zusätzliche Erschwernis die Beschaffung von ausreichenden Wintervorräten für die vegetationsarmen Jahreszeiten hinzu. Aus der Notwendigkeit, Vorräte für den Winter anzulegen, soll sich übrigens auch die „German Angst" herleiten [51], die danach wohl besser als „nordische Angst" zu bezeichnen wäre.

Eine Klimaverbesserung würde in einer bäuerlichen Kultur zunächst einmal produktive Überschüsse frei setzen, die unter günstigen Voraussetzungen zu einer flächenmäßigen Ausbreitung oder einer kulturellen Weiterentwicklung führen könnten.
Ein daraus möglicherweise zusätzlich resultierender Faktor, nämlich eine Übervölkerung, also ein Bevölkerungswachstum bei günstigen klimatischen Bedingungen über die erforderliche Nahrungsmittelproduktion hinaus, würde in erster Näherung wohl zu Wanderbewegungen, aber zunächst einmal nicht zu einem vollständigen Verlöschen von Bevölkerungsgruppen in ihren ursprünglichen Siedlungsgebieten führen.

Es wäre sicherlich vermessen, eine monokausale Beziehung zwischen den nacheiszeitlich aufgetretenen Klimaschwankungen und den unten genannten historischen Ereignissen herzustellen, aber es ist ein klimahistorisch sehr interessanter Ansatz.
Eine historische bäuerliche Kultur muss nämlich mit Sicherheit ganz unmittelbar auf Klimaveränderungen reagiert haben, weil sie kaum technische Möglichkeiten besaß, um einen Ausgleich für klimatische Einschränkungen aus eigener Kraft herzustellen. Deshalb dürften sich negative klimatische Ereignisse unmittelbar auf das Ernteergebnis und damit auf die (Über-) Lebensgrundlage einer solchen bäuerlichen Kultur ausgewirkt haben, wie das für die „kleine Eiszeit" bis Mitte des 19. Jahrhunderts ja auch historisch belegt ist.

Schwankungen der Durchschnittstemperatur von 1-2 Grad nach oben und unten haben auf eine bäuerliche Gesellschaft also einen vitalen Einfluss:

- o Eine Erhöhung der Durchschnittstemperatur um wenige Grade verlängert in unseren Breiten die Vegetationszeit und sorgt so für eine bessere Ernährungssituation.

- o Ein paar Grade weniger führen zu Mangelernährung, Destabilisierung und Wanderbewegungen.

Es müsste also vielleicht möglich sein, das historische Verhalten größerer Bevölkerungsgruppen in regressive (in diesem Fall einschränkende) Phasen mit Wanderbewegungen und expansive (ausbreitende) Phasen mit kultureller Blüte zu unterscheiden und mit den möglicherweise hinterlegten positiven und negativen klimatologischen Veränderungen abzugleichen.

Solche Zusammenhänge können hier lediglich für unseren eigenen Kulturkreis dargestellt werden, weil eine weltweite geschichtshistorische Klimabetrachtung das Thema dieses Buches verlassen und seinen eigentlichen Rahmen sprengen würde.

Die in Abbildung 18 dargestellten Abweichungen von der Durchschnittstemperatur dürften aber in unterschiedlicher Ausprägung weltweit eingetreten sein und haben sicherlich auch anderswo auf unserer Erde den Verlauf der Geschichte beeinflusst.

Behringer zeigt zum Beispiel in seiner „Kulturgeschichte des Klimas" **[52]** sehr eindrucksvoll auf, wie existenziell sich die von der IPCC-nahen Klimaforschung marginalisierten Temperaturschwankungen in der Vergangenheit tatsächlich auf historische bäuerliche Gesellschaften ausgewirkt haben.

Es ist an dieser Stelle zu erwähnen, dass die neuere wissenschaftliche Forschung heute einige der unten dargestellten nacheiszeitlichen Temperaturminima mit geologischen Ereignissen zusammenbringt. Hier sind in erster Linie Vulkanausbrüche zu nennen, die über einen begrenzten Zeitraum von Monaten bis Jahren zu einer weltweiten Einschränkung der Sonneneinstrahlung geführt haben können.

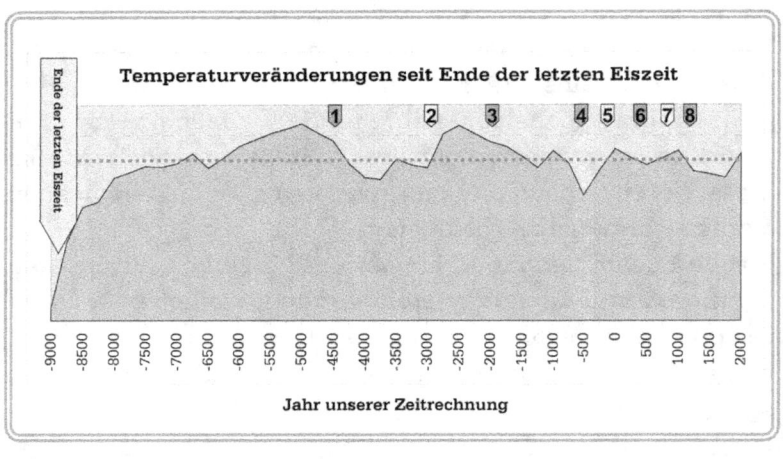

Abbildung 18: Generalisierter Verlauf der Durchschnittstemperatur seit dem Ende der letzten Eiszeit

Vereinfachte Darstellung mit historischen Markern: Die jeweiligen Ziffern für die historischen Ereignisse sind farblich hinterlegt in expansiv=grün und regressiv=rot
rot gepunktet = Durchschnittstemperatur

Zusammenstellung des Autors aus unterschiedlichen Quellen

Betrachten wir einmal die großen, historisch bekannten Kulturen und Wanderbewegungen in unserem Geschichtskreis, wie sie in Abbildung 18 markiert sind:

(1) Eindringen der Megalithkultur in Westeuropa (ca. 4. Jahrtausend v. Chr., Streitaxtleute, Schnurkeramiker)
(2) Erste Hochkulturen in Mesopotamien und Ägypten (und auch in Indien und China) im 3. Jahrtausend v. Chr.
(3) Beginn der Indogermanischen Wanderung ab dem 2. Jahrtausend v. Chr., Dorische Wanderung (um 1200 v. Chr.) und Seevölkersturm in Ägypten (um 1192 v. Chr.)
(4) Keltische Südwanderung ab dem 4. Jahrhundert v. Chr.
(5) Blütezeit Roms
(6) Hunnensturm und (nord-) europäische Völkerwanderung 4. bis 6. Jahrhundert
(7) Wikingerausbreitung und -kriege vom 8. bis 11. Jahrhundert
(8) Mongolensturm im 13. Jahrhundert und letzte schriftliche Erwähnung der Grönland-Wikinger um 1400 n. Chr.

Trotz der vom IPCC marginalisierten historischen Klimaschwankungen soll sich ja nach den dort veröffentlichten Hochrechnungen [10] eine künftige Klimaerwärmung ganz besonders in mittleren und höheren geographischen Breiten auswirken, was durchaus als ein Beweis für die oben aufgeführten Thesen angesehen werden kann.
Hier ist sicherlich die wissenschaftliche Forschung gefordert, die Erkenntnisse der einzelnen Fachdisziplinen in-

terdisziplinär abzugleichen und damit ein monolithisches Geschichtsbild zu zeichnen, das über die bloße Abfolge von historischen Ereignissen hinaus auch die Erkenntnisse über den Einfluss des natürlichen Klimageschehens einschließt.

Insbesondere in der Landwirtschaft können wir die Veränderungen erkennen, der unsere Gesellschaft in den vergangenen Jahrhunderten seit Beginn der Industrialisierung unterworfen gewesen ist. So arbeiteten noch Anfang des 20. Jahrhunderts etwa 80 Prozent der Bevölkerung in der Landwirtschaft [53]; heute sind es dagegen weniger als 5 Prozent! Es hat also nicht nur eine technische Industrialisierung gegeben, sondern parallel dazu auch eine Industrialisierung unserer Nahrungsmittelproduktion. Diese Industrialisierung in der Nahrungsmittelproduktion hat uns als Individuen eine weitgehende Unabhängigkeit in der Nahrungsbeschaffung beschert. Auf der Gegenseite steht, dass wir die Kenntnis über die natürlichen Einflussgrößen, von denen unsere Nahrungsmittelerzeugung abhängig ist, zwischenzeitlich verloren haben.

Wir sind also heute gar nicht mehr in der Lage, aus persönlicher Kenntnis heraus zu erfassen, was eine Klimaveränderung für unsere primäre Lebensgrundlage wirklich bedeutet und müssen uns deshalb auf vorfabrizierte Horrorszenarien stützen. Und diese Horrorszenarien treffen genau die gegenteilige Aussage wie die historischen Daten für eine bäuerliche Gesellschaft, nämlich: Warm ist schlecht und kalt ist gut!

Halten wir also fest: Historisch gesehen hat sich eine Klimaerwärmung immer positiv auf eine bäuerliche Gesellschaft ausgewirkt!

Beteiligung des Menschen am Klimageschehen

Einen konstanten vorindustriellen Anfangszustand für unser Erdklima hat es niemals gegeben, nur einen, nicht unwidersprochenen [24], vorindustriellen CO_2-Gehalt unserer Atmosphäre von 280 ppm. Wir machen uns also Gedanken um eine Klimakatastrophe und wissen nicht einmal, wo wir in den natürlichen Schwankungen unseres Klimas im Moment eigentlich stehen. Was jetzt immer wieder in den Medien als Beweis für die Klimakatastrophe gezeigt wird, sind sogenannte „Hockeyschläger"-Kurven; ob Temperatur oder CO_2-Gehalt der Atmosphäre, alle diesbezüglichen Darstellungen enden in einem solchen Hockeyschläger.

Anmerkung: Die solchen „Hockeyschläger"-Darstellungen zugrunde liegenden Datengrundlagen können sogar völlig richtig sein, aber man möge hier und da doch einmal genauer auf die Wahl des Maßstabes achten, insbesondere darauf, ob die betreffende Skala wirklich bei „0" anfängt!

Seit Beginn der Industrialisierung hat sich der anthropogene CO_2-Ausstoß ständig erhöht, wie in Abbildung 19 dargestellt ist. Bei einem entsprechend gewählten Maßstab könnte man diesen Verlauf übrigens auch als eine Hockeyschläger-Kurve darstellen. Momentan beträgt der CO_2-Gehalt unserer Atmosphäre etwa 380 ppm. Im Jahre 2002 betrug der weltweite technische CO_2-Ausstoß etwa 25 Milliarden Tonnen (25 Gigatonnen). Dieser CO_2-Ausstoß wird nun zwingend mit den gleichzeitigen Temperaturveränderungen auf unserer Erde zusammengebracht und in Klimaszenarien hochgerechnet. Dabei wissen wir eigentlich gar nicht, welche natürlichen Schwankungen des Weltklimas diesem gemessenen Temperaturanstieg hinterlegt sind. Also können wir die Konsequenzen daraus eigentlich auch gar nicht abschätzen. Insbesondere können wir diesen Temperaturanstieg nicht allein unserem technischen CO_2-Ausstoß zuschreiben.

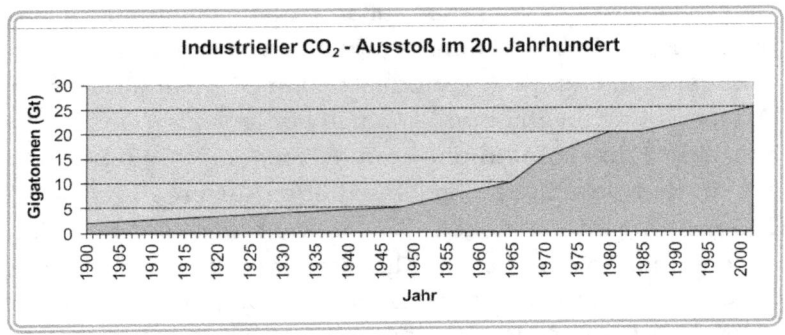

Abbildung 19: Der industrielle CO_2-Ausstoß im 20. Jahrhundert (**Gigatonnen = Milliarden Tonnen**) (Daten aus diversen Quellen zusammengestellt)

Eine Hochrechnung unseres Klimas in die Zukunft gelingt also nur dann, wenn wir dafür ein konstantes vorindustrielles Weltklima unterlegen, das auch weiterhin exakt so andauern wird. Folgerichtig wird von den **Protagonisten** der Klimakatastrophe dann auch die historisch belegte „kleine Eiszeit" im Mittelalter zu einer „Depression" eines ansonsten konstanten Klimageschehens auf unserer Erde degradiert. Wir hatten aber im erdgeschichtlichen Teil bereits gesehen, dass unser Weltklima in geologischen Zeiten niemals konstant gewesen ist. Gleichgültig, welchen zeitlichen Ausschnitt wir auch näher betrachten, aus dem Klimageschehen unserer Erde bilden sich immer wieder ähnliche Ausschläge und Verläufe heraus, man könnte auch sagen, das Klimageschehen auf unserer Erde habe eine **fraktale** Struktur.

Schauen wir doch einmal den wirklichen Tatsachen ins Auge: Die Weltbevölkerung hat dieser Tage gerade die 7-Milliarden-Grenze überschritten (Abbildung 20)!

Die Bevölkerungsentwicklung auf unserer Erde stellt nämlich tatsächlich eine „Hockeyschläger"-Kurve dar, die mit dem weiteren Bevölkerungswachstum auf unserer Erde auch immer steiler werden wird! Und alles, was in direktem Zusammenhang mit dieser Weltbevölkerung steht, folgt deshalb ebenfalls einer Hockeyschlägerkurve, Energieerzeugung, Nahrungsmittelproduktion, Trinkwasserverbrauch, Abfallaufkommen, Körperfunktionen und ...

Wir müssen also erkennen, dass die schiere Masse der Weltbevölkerung das eigentliche Problem von Mutter Erde ist, oder besser, ein erhebliches Problem für unseren eigenen Lebensraum auf dieser Erde darstellt! Allein schon der direkte **anthropogene** CO_2-Eintrag durch das Atmen stellt eine Hockeyschläger-Kurve dar. Jeder Mensch auf unserer Erde erzeugt nämlich durch das Atmen etwa eine Drittel Tonne CO_2 pro Jahr. Allein im Jahre 2002 betrug dieses unvermeidbare CO_2-Aufkommen aus der Atemluft der Weltbevölkerung etwa 2 Milliarden Tonnen.

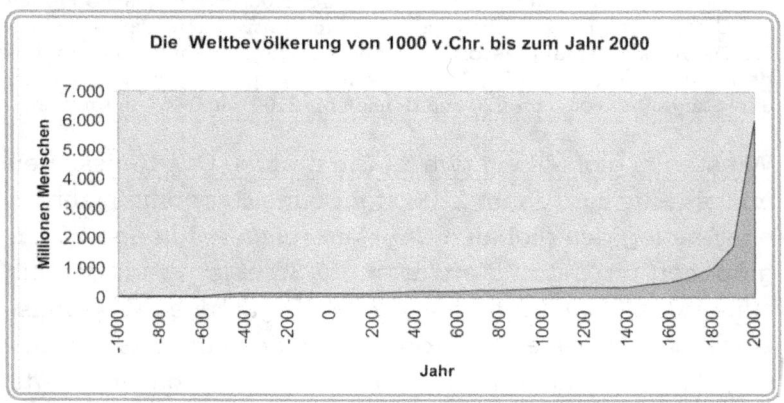

Abbildung 20: Die Entwicklung der Weltbevölkerung

Und die vermeintliche Klimakatastrophe soll jetzt allein durch den industriellen CO_2-Ausstoß verursacht werden?

In der medialen Darstellung verschwimmen dabei die Zahlen der Gegenwart und die Prognosen für die Zukunft, sodass es vorteilhaft ist, sich auf Basis der CO_2-Emissionen des 20. Jahrhunderts einmal die Hochrechnung für das 21. Jahrhundert in Abbildung 21 anzusehen.

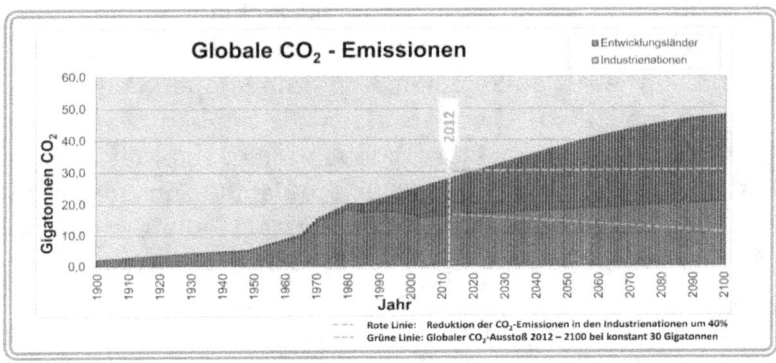

Abbildung 21: Eine Hochrechnung für den industriellen CO_2-Ausstoß der Weltbevölkerung bis 2100 (historische Daten aus unterschiedlichen Quellen)
Anmerkung: Schwellenländer und Dritte Welt sind hier unter dem Begriff Entwicklungsländer subsummiert. Im Jahre 2003 betrug das Verhältnis der CO_2-Emissionen zwischen Industrie- und Entwicklungsländern etwa 3:2. Die Rückverteilung dieser Emissionen für die Zeit vor 2003 bleibt kritisch. Für die Zeit von 2003 bis 2020 wurde hier für die Industrienationen eine Steigerung von 0,5% p.a. und danach bis 2100 von 0,25% unterstellt.

Wir stehen global bei etwa 30 Gigatonnen CO_2-Emissionen im Jahr. Bis zum Jahre 2100 steht ohne Gegenmaßnahmen ein Anstieg des globalen CO_2-Ausstoßes auf knapp 50 Gigatonnen pro Jahr zu erwarten. In Summe wären das bis zum Jahre 2100 dann knapp 3.800 Gigatonnen CO_2-Emissionen, also etwa eine Verdoppelung des atmosphärischen CO_2–Anteils. Damit könnte aber das politisch anvisierte „2-Grad-Ziel" für 2100 sicher eingehalten (Berechnung im Anhang III), aber noch nicht dauerhaft stabilisiert werden. Aber schon eine Reduktion der CO_2-Emissionen in den Industrienationen um etwa 40 Prozent bis zum Jahre 2100 (rote Linie) könnte den jährlichen CO_2-Ausstoß auf konstante 30 Gigatonnen (grüne Linie) begrenzen und damit die Einhaltung der angestrebte „2-Grad-Temperaturgrenze" dauerhaft sicherstellen.

Anmerkungen: Das 2-Grad-Temperatur-Ziel wurde übrigens bereits im Jahre 1975 von dem Ökonomen William D. Nordhaus formuliert **[54]**, sodass dieser strategische Grenzwert wesentlich älter ist als die Klimakatastrophe selbst!

Das Kyoto-Protokoll läuft bereits Ende 2012 aus und es ist offenbar klimapolitisch beabsichtigt, die Unterzeichnerstaaten bereits bis zum Jahre 2020 auf eine Reduktion ihrer jährlichen CO_2-Emissionen um 25 bis 40 Prozent zu verpflichten.

Der anthropogene CO_2-Dreisatz:

Der **vorindustrielle CO_2–Gehalt** in unserer Atmosphäre betrug **0,028%**. Für den Zeitraum zwischen 1900 und 2002 summiert sich der anthropogene CO_2-Eintrag auf insgesamt etwa **1.000 Gigatonnen (Gt)** und hat zu einer Erhöhung des atmosphärischen CO_2-Gehaltes **um 0,01% auf 0,038%** geführt. Eine **Verdoppelung** der atmosphärischen CO_2-Konzentration **auf 0,076%** würde in einer vereinfachten Abschätzung mit einem Dreisatz **weitere 3.800 Gt CO_2** erfordern (Erklärung in Anhang IV).

Bei einem jährlichen CO_2-Ausstoß von konstant 30 Gt würde es also etwa 125 Jahre für einen anthropogenen Temperaturanstieg von knapp 2 Grad Celsius dauern (Nachweis in Anhang III). Bei einer Verweilzeit von 120 Jahren für das CO_2 in unserer Atmosphäre **[22.1]** dürfte es bei einem konstanten anthropogenen CO_2-Ausstoß von 30 Gt dann keinen weiteren Temperaturanstieg mehr geben.

Hier ergibt sich ein ganz erheblicher Widerspruch zum WBGU **[55.1]**, der aktuell ein globales Emissionsbudget von maximal 750 Gt CO_2 zur Erreichung einer 2-Grad-„Leitplanke" bis 2100 fordert. Ein Temperaturanstieg von 2 Grad erfordert aber eine Verdoppelung des atmosphärischen CO_2–Gehaltes (Anhang III).

Kann es vielleicht sein, dass beim WBGU ein CO_2-Emissionsbudget ([55.1]** von 750 Gt) und ein Kohlenstoffbudget (**[55.2]** von 830 Gt) durcheinandergeraten sind?** Ein Kohlenstoffbudget von 750 Gt ergäbe nämlich 2.750 Gt CO_2 und zusammen mit den historischen CO_2-Emissionen von 1.000 Gt einen vergleichbaren Emissionswert für den 2-Grad Temperaturanstieg wie die vorliegenden Berechnungen!

Der „logistische" Fußabdruck des Menschen

Noch bis weit in die 60-er Jahre des vergangenen Jahrhunderts hinein war die Versorgung der Bevölkerung mit Nahrungsmitteln, natürlich ohne Südfrüchte, weitgehend regional organisiert (Abbildung 22).

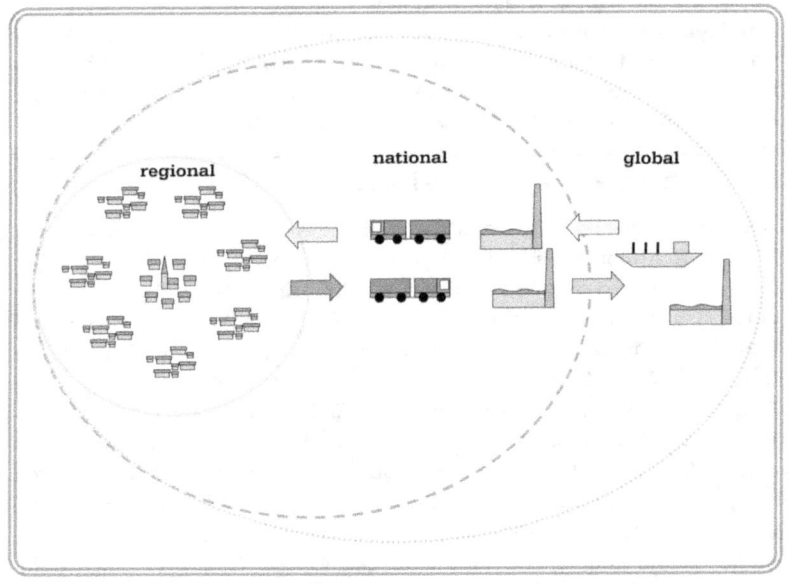

Abbildung 22: Schematische Versorgungslogistik bis in die 60-er Jahre des vergangenen Jahrhunderts

Am Beispiel der Molkereien kann man den Verlauf der nachfolgenden Entwicklung sehr gut beschreiben. Viele dörfliche Gemeinschaften und Kleinststädte verfügten zu Beginn dieser Entwicklung nämlich noch über eigene Molkereien zur Versorgung der örtlichen Bevölkerung mit Milchprodukten. Rationalisierungen und Konkurrenzdruck

haben dann im Laufe von wenigen Jahrzehnten zu einer Zentralisierung auf einige wenige nationale Anbieter geführt. Dazu dürfte sicherlich auch der steigende Marktanteil der Supermarktketten und deren steigende Einkaufsmacht beigetragen haben.
Heute werden die Milchprodukte von wenigen zentralen Herstellern zu ihren Verbrauchern in ganz Deutschland transportiert. Und die einzelnen Versorgungsnetze dieser wenigen Großproduzenten dürften sich dabei fast vollständig überschneiden.

Rationalisierungen in der Produktion und die Vereinheitlichung von Produkten haben so oder ähnlich in vielen Bereichen der Nahrungsmittelproduktion zu einer Konzentration auf wenige Anbieter bei einer erheblichen Ausweitung der logistischen Verteilungsnetze geführt.

Durch die Globalisierung hat sich dieser Prozess über Ländergrenzen hinaus immer weiter fortgesetzt (Abbildung 23). Das gilt auch für die Produktion von technischen Geräten, die sich dabei immer stärker auf die Schwellenländer mit industriellen Minimallöhnen konzentriert.

Heute fährt der Verbraucher in seinem Einkaufswagen also eine bunte Mischung von Produkten herum, deren Herkunft sich auf die halbe Welt verteilt.

Diese Entwicklung war nur möglich, weil Rationalisierung immer als eine reine Reduzierung von direkten Kosten aufgefasst worden ist, und zwar auf Basis der Verbraucherpreise für das betreffende Produkt selbst inklusive der zugehörigen Verteilungslogistik.

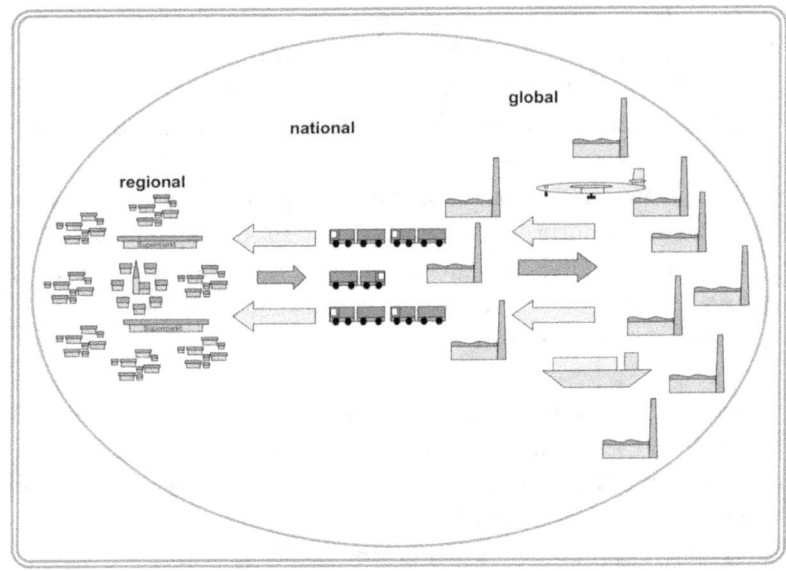

Abbildung 23: **Schematische Versorgungslogistik nach der Globalisierung**

Die Kosten für den Wegfall von Arbeitsplätzen in einer Region, für den Straßen-, Hafen- und Flughafenbau und für die Emissionen der Logistikketten werden dabei den Produkten selbst nicht zugerechnet. In den Verbraucherpreisen erscheinen vielmehr lediglich die anteiligen Nutzungsentgelte für diese Transportkette.

Und so können dann schließlich Schnittblumen aus Brasilien auf einem Hamburger Wochenmarkt preislich günstiger angeboten werden als die Blumen aus dem Alten Land.

Grundsätzlich betrachtet lässt sich der Anfangszustand vor Zentralisierung und Globalisierung der Nahrungsmittelproduktion also als eine regionale Versorgung der Bevölkerung mit Nahrungsmitteln, regional angesiedelten

Arbeitsplätzen in der Nahrungsmittelproduktion und jahreszeitlichen Einschränkungen in der Produktverfügbarkeit beschreiben. Im Verlauf von Zentralisierung und Globalisierung wurden dann nationale und internationale Logistikketten aufgebaut, die, bei einer Einschränkung der regionalen Produktvielfalt, zu einer generellen und ganzjährigen Verfügbarkeit von Nahrungsmittelprodukten geführt haben.
Diese Entwicklung hat für den Einzelnen sicherlich zu einer Steigerung der Lebensqualität geführt!

Die beschriebene Entwicklung ist natürlich nicht ohne eine gewaltige volkswirtschaftliche Umverteilung abgelaufen. Eigentlich haben wir dabei am Ende ja regionale Arbeitsplätze, regionale Kaufkraft und kurze Verteilungswege in internationale Arbeitsplätze und internationale logistische Verteilungsnetze umgewandelt, wobei der wirtschaftliche Ertrag dieser Optimierung am Ende den Gewinnen internationaler Konzerne zugeflossen ist.

Seit 1980 hat sich der internationale Außenhandel fast verzehnfacht [56]. Die Abbildungen 24 A und B zeigen diese Entwicklung für den Zeitraum zwischen 1980 und 2008. Am Ende erkennt man hier ganz deutlich das globale Nullsummenspiel, weil ja ständig genauso viele Produkte ein- wie ausgeführt werden.
Dieser Globalisierungsprozess dürfte aber nicht mehr so einfach umkehrbar sein, jedenfalls nicht ohne erhebliche Einschränkungen unseres Lebensstandards und unserer persönlichen Ansprüche. Das heißt allerdings nicht, dass wir die weltweite Logistik aus unserer Klimadiskussion ausschließen dürfen, indem wir in dieser Diskussion lediglich unseren eigenen persönlichen Energieverbrauch be-

trachten! Schließlich muss uns der für unsere Versorgung mittelbar notwendige Energieverbrauch ebenfalls anteilig zugerechnet werden.

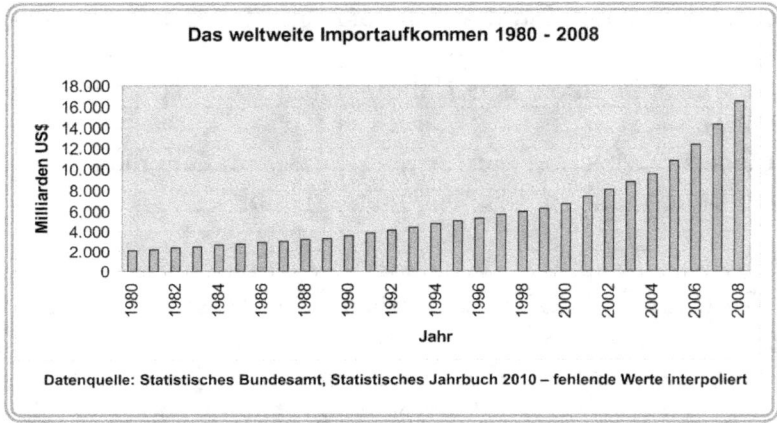

Abbildung 24 A: Entwicklung des internationalen Importaufkommens für die Jahre 1980 – 2008 (Datenquelle: Statistisches Bundesamt [56])

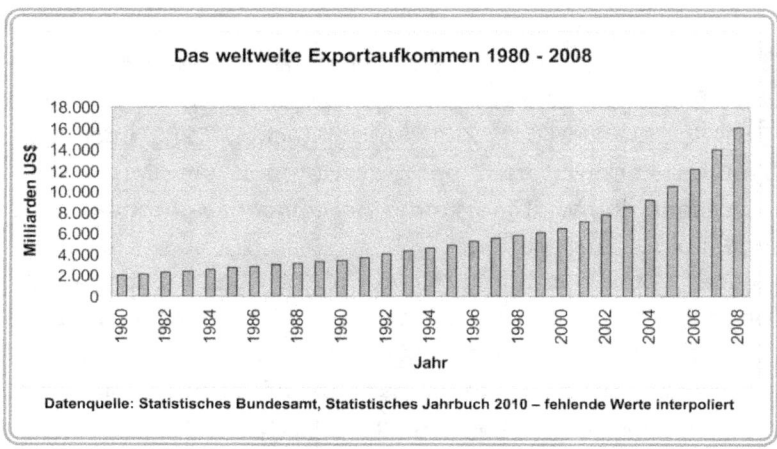

Abbildung 24 B: Entwicklung des internationalen Exportaufkommens für die Jahre 1980 – 2008 (Datenquelle: Statistisches Bundesamt [56])

In der Debatte um eine mögliche Klimakatastrophe müssen wir uns also auch ganz ernsthaft fragen, ob wir uns den weiteren Ausbau der weltweiten logistischen Verteilungsnetze, und damit eine weitere Globalisierung der Weltwirtschaft, ökologisch überhaupt leisten wollen und leisten können.

Die beschriebene Entwicklung gilt analog natürlich auch für unser Urlaubsverhalten [57], wie das in Abbildung 25 dargestellt ist.

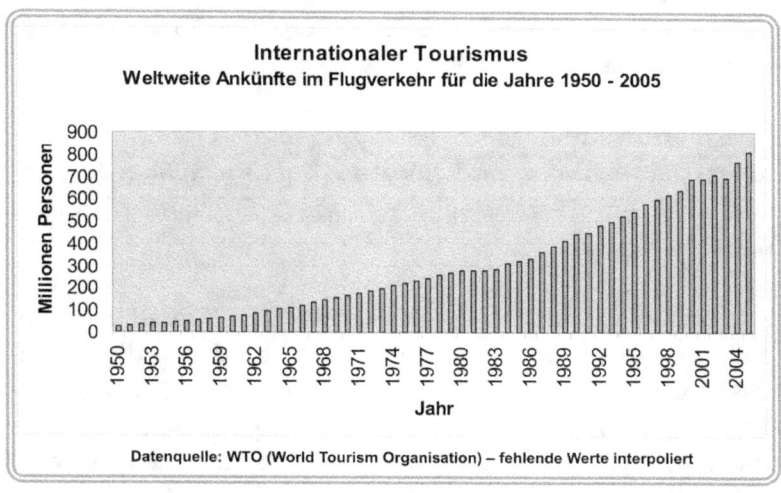

Abbildung 25: Entwicklung des internationalen Tourismus
Weltweite Ankünfte im Flugverkehr (1950 – 2005) (Datenquelle: ITR [57])

Noch vor einem Jahrhundert sind die Menschen ihr ganzes Leben lang kaum aus ihrem Heimatdorf herausgekommen, wenn sie denn überhaupt jemals Urlaub gemacht haben. Inzwischen sind internationale Fernreisen für uns selbstverständlich geworden. Die damit verbundene Transport-

und Versorgungslogistik ist aber auch nicht verbrauchsneutral. Dem steht sicherlich als positive Nebenwirkung gegenüber, dass der Tourismus heute für viele der ärmeren Länder eine Haupteinnahmequelle darstellt und regionale Arbeitsplätze schafft. Aber auch die mittelbaren Energieaufwendungen für unsere Transport- und Versorgungslogistik im individuellen Reiseverkehr müssen dem persönlichen Energieverbrauch zugerechnet werden. Wenn wir also den diskutierten weltweiten Klimaschutz ernst nehmen wollen, dann müssten wir uns auch hier von lieb gewordenen Gewohnheiten verabschieden.

Alle hier diskutierten Grafiken zeigen also mehr oder weniger deutlich die berüchtigte „Hockeyschläger-Kurve"; und zwar eine echte, denn alle diese Grafiken beginnen bei „0"!

Wir haben uns in der gesellschaftlichen Klimadiskussion bisher weitgehend auf den CO_2-Ausstoß durch die individuelle Energieversorgung und den Individualverkehr beschränkt. Es muss uns allen aber ganz klar sein, dass eine solche eingeschränkte Sichtweise nicht der Realität entspricht! Wenn wir die Bedrohung unseres Weltklimageschehens durch den CO_2-Ausstoß wirklich ernst nehmen, dann wird es nicht ausreichen, einfach einen CO_2-Ablass zu bezahlen und so weiterzumachen wie bisher.

Wir werden vielmehr unser Alltagsleben komplett umstellen müssen und auf viele unserer lieb gewordenen Gewohnheiten und Bequemlichkeiten verzichten müssen!

Der menschliche Einfluss auf den natürlichen CO_2-Kreislauf

Die Vegetation hat durch den natürlichen Verbrauch von CO_2 aus unserer Atmosphäre schließlich erst den Sauerstoff erzeugt, der die Grundlage für alles tierische Leben auf unserer Erde darstellt. Wir haben gesehen, dass der wesentliche Sauerstoffanteil unserer Atmosphäre aus der Einlagerung fossiler Kohlenwasserstoffe entstanden ist. Die aktuelle Biosphäre liefert dazu lediglich einen Beitrag von etwa 2 Prozent.

Bereits der mittelalterliche Mensch hat durch Rodungen und Holznutzung stark in seine natürliche Umwelt eingegriffen. Man denke nur an die verschwundenen Zedern des Libanon, die Lüneburger Heide als **anthropogene** Kultursteppe oder die Abholzung ganzer Mittelgebirge zur Holzkohleherstellung und deren Wiederaufforstung mit schnell wachsenden, standortfremden Arten. Das alles waren eher lokale Eingriffe, aber eigenartig bleibt, dass dieser mittelalterliche Wegfall von CO_2–Senken im historischen atmosphärischen CO_2–Gehalt überhaupt nicht sichtbar wird, während die frühe Industrialisierung sofort messbare Beiträge geliefert haben soll.

Im industriellen Zeitalter hat sich der Mensch dann im biblischen Sinne die Erde tatsächlich zum Untertan gemacht, indem er ihre natürlichen Ressourcen rücksichtslos und ohne Einsicht in deren Endlichkeit ausgebeutet hat. Seit Mitte des 20. Jahrhunderts haben solche Eingriffe dann weltweite Dimensionen angenommen. Begriffe wie „Abholzung der Regenwälder" und „Verschmutzung der Weltmeere" sind uns allen inzwischen leider nur zu gut geläufig. Dahinter steht die Zerstörung derjenigen natürlichen Lebensräume, die Sauerstoff produzieren und die insbesondere für einen natürlichen Abbau der CO_2-Konzentration in unserer Atmosphäre sorgen. In die folgende Betrachtung geht nur das Aufnahmevermögen von CO_2 durch die Waldflächen unserer Erde ein. Weder die Weltmeere noch die landwirtschaftlich genutzten Flächen, Gärten und übrige Vegetationsflächen werden hier betrachtet.

Wenn wir uns einmal den Waldverbrauch unserer technischen Zivilisation seit Beginn des vergangenen Jahrhunderts in Abbildung 26 ansehen, dann müssen wir erkennen, dass wir im 20. Jahrhundert bereits knapp 25 Prozent der gesamten Waldfläche auf unserer Erde zerstört haben.

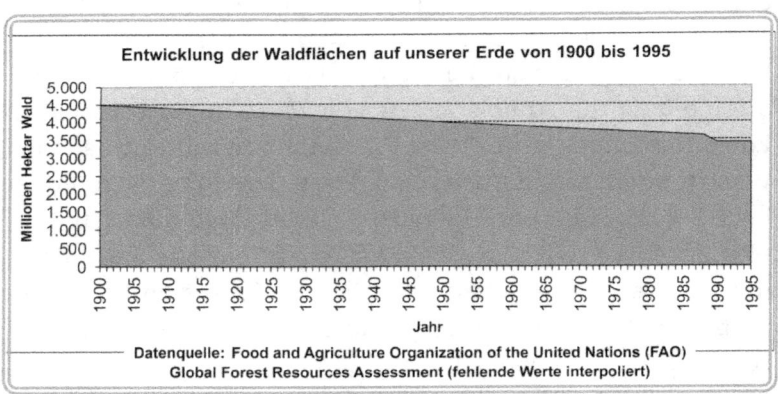

Abbildung 26: Entwicklung der Waldflächen im 20. Jahrhundert auf unserer Erde (Datenquelle: FAO [58])

Wenn wir jetzt noch einbeziehen, dass ein Hektar Wald pro Jahr etwa 10 Tonnen CO_2 aus der Atmosphäre aufnimmt, dann haben wir durch unseren industriellen CO_2-Ausstoß nicht nur die Konzentration dieses Klimagases in der Atmosphäre künstlich erhöht, sondern gleichzeitig und parallel dazu auch noch die Potentiale für die natürliche CO_2-Reduktion erheblich eingeschränkt. Abbildung 27 zeigt das Potential der **terrestrischen** Waldflächen zur Reduktion von CO_2 im Verhältnis zur industriellen CO_2-Produktion. Wir können zunächst einmal festhalten, dass der weltweite Waldbestand heute immer noch allein ausreichen würde, um die industriellen CO_2-Emisionen des Menschen komplett aufzunehmen. Der Mensch hat aber den natürlichen Regelkreis für den CO_2-Abbau seit Anfang des vergangenen Jahrhunderts durch Abholzung bereits um etwa 11 Milliarden Tonnen pro Jahr geschädigt!

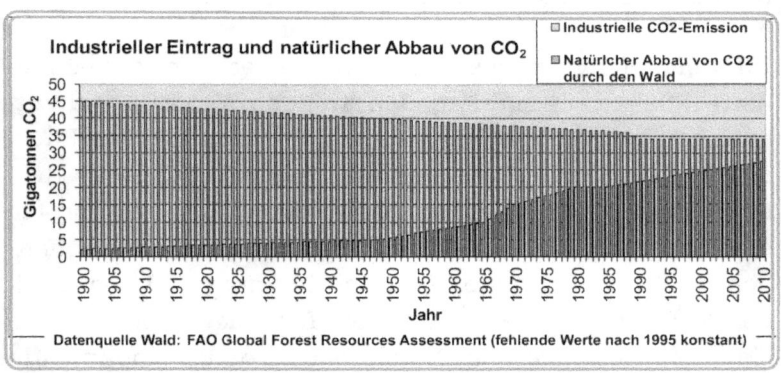

Abbildung 27: **Das Potential der Waldflächen zum Abbau von CO_2 und der industrielle CO_2-Ausstoß (1900-2010)** (Datenquelle Wald: FAO [58])

Vor einem natürlichen CO_2-Umsatz von jährlich etwa 550 Gigatonnen (Gt) ergibt sich hier ein Verständnisproblem: Eine Schwächung der natürlichen CO_2-Senken um jährlich etwa 11 Gt (das entspricht dem gesamten anthropogenen CO_2-Eintrag von 1966) sollte keinerlei Einfluss auf den atmosphärischen CO_2–Gehalt gehabt haben, während anthropogenes CO_2 seit 1850 zu einer direkten Erhöhung des atmosphärischen CO_2-Gehaltes geführt haben soll!
Frage: Können die Berechnungen zum anthropogenen CO_2-Treibhauseffekt dann überhaupt noch stimmen?

Über die Ernsthaftigkeit unserer Klimaziele - eine Gesellschaftskritik

Der Mensch neigt dazu, komplexe Systeme auf monokausale Verknüpfungen zu reduzieren. Der Mensch ist also monokausal und die Menschheit hat existentielle Probleme. Das sind ganz schlechte Voraussetzungen für die Umsetzung langfristig sinnvoller Problemlösungen; denn die Erde dreht sich nun mal nicht um den Menschen!

Während heute die wissenschaftliche Technik genmanipulierte Pflanzen in industriellen Mengen für die Landwirtschaft erzeugt, erlebt gleichzeitig der semireligiöse Rückschritt eine Renaissance und möchte die darwinsche Evolutionstheorie durch einen finalen göttlichen Masterplan ersetzen. Dabei sind die Grenzen zwischen wissenschaftlich-technischer Machbarkeit und religiöser Fiktion in einer Weise verschleiert, die für den Laien kaum noch aufzulösen ist. Heute ist dem Normalbürger daher eine inhaltliche Auseinandersetzung mit einer hoch komplexen wissenschaftlichen Materie mangels eigener Fachkenntnisse kaum noch möglich.
So zum Beispiel auch in der Klimadiskussion, wo sich der wissenschaftliche Laie immer mehr in einen Wust von gutem Glauben und psychologischen Angstszenarien verstricken muss. Und die Klimaforschung, einstmals die arme Schwester der Meteorologie, befeuert diesen Medienhype permanent mit immer neuen Schreckensszenarien. Denn dieser Hype hat ihr schließlich ungeahnte Forschungsbudgets, modernste Hochleistungscomputer und höchste Aufmerksamkeit in Politik und Öffentlichkeit beschert. Objektive Darstellungen zum Thema Klimawandel

werden daher auch eher selten publiziert. Viel lieber veröffentlicht man spekulative Ergebnisse, die nur eines von Millionen möglicher Szenarien aus vereinfachten Computersimulationen sein mögen. Insbesondere die Fokussierung der publizierten Klimadaten auf den Zeitraum seit Beginn der Industrialisierung schränkt den Blick auf die natürliche Klimaentwicklung unserer Erde in völlig unzulässiger Weise ein. Vor dem Hintergrund eines scheinbar konstanten Weltklimas wird der besorgte Bürger so auf einen zwingenden Zusammenhang zwischen industriellem CO_2-Ausstoß und der befürchteten Klimakatastrophe geleitet. Als mediale Begründungen für diese Klimakatastrophe müssen dann allseits bekannte Wetterphänomene herhalten, deren Häufung beziehungsweise Verstärkung die jeweilige Argumentation offensichtlich zu beweisen scheint und die jeder Einzelne aus seinem persönlichen Erleben heraus nachvollziehen kann: Der Winter ist zu milde, der Sommer ist verregnet oder zu trocken, es hat zu viele Stürme gegeben und viel zu viel Starkregen - alle diese singulären Wetterphänomene müssen dann als Beweis für den befürchteten Klimawandel herhalten. Dabei werden wir alle Opfer einer Informationsflut, die heute kein Mensch mehr in Umfang und Geschwindigkeit überschauen kann, seit es nämlich die Filter Entfernung und Zeit nicht mehr gibt. Haben unsere Großeltern etwa vor fünfzig Jahren irgendetwas von einem Schneesturm in Kairo oder einer Windhose in Bottrop erfahren? Hat es solche Phänomene also damals gar nicht gegeben?

Doch, aber heute sind sie ein Beweis für die Klimakatastrophe, weil früher alles besser war! Und deshalb folgen wir denen, die die Probleme unserer Welt auf die einfache Formel gebracht haben:

CO_2-Ausstoß = Klimakatastrophe!

Gleichzeitig betrachten wir von den glücklichen Inseln unserer Industrienationen aus die Erde als statisches Gebilde und wollen sie so erhalten, wie wir sie aus unserer ganz persönlichen Erinnerung heraus kennen. Natürlich ohne auf die Annehmlichkeiten und Sicherheiten zu verzichten, die unser Leben gegenüber unseren steinzeitlichen Vorfahren so gesund und bequem gestalten.

Ohne den in diesem Rahmen populistisch aktiven Politikern und Wissenschaftlern zu nahe treten zu wollen, muss man doch feststellen, dass sich eine solche Situation hervorragend für eine Art mittelalterlichen Ablasshandel eignen würde, der etwa so funktionieren könnte:

Wenn Du mir Dein Geld gibst, befreie ich Dich von Deinen Ängsten vor einer Klimakatastrophe!

Unser Ökosystem umfasst die ganze Erde. Warum sollte, global betrachtet, hier bei uns in Mitteleuropa eine Umstellung unserer Kraftfahrzeuge von Euro4 auf Euro5 eigentlich sinnvoller sein, als wenn das dafür notwendige Geld jetzt sofort für ganz einfache Euro1-Katalysatoren in der Dritten Welt ausgegeben werden würde?

Etwa nur deshalb, weil hier bei uns dann keine 19 Prozent Mehrwertsteuer anfallen würden?

Wir dürfen doch bei allem, was wir für eine globale ökologische Wende auch immer planen mögen, niemals vergessen:

Es ist unsere Erde, um die es hier geht – und nur die ganze Erde ist unsere Erde!

Menschenrechte und Menschenwürde gelten auch für unsere Mitmenschen außerhalb der Industrienationen; und

dazu gehören auf jeden Fall auch genügend Nahrung und Energie!
Es reicht eben nicht aus, nur mit den Fingern auf die Diktaturen dieser Welt zu zeigen, als wäre unsere Demokratie gottgegeben und würde sich von ganz allein erhalten! Denn unsere eigene Demokratie befindet sich in einem abnehmenden freiheitlichen Zenit, der eigentlich alle unsere Kräfte für seinen Erhalt fordern würde – und unser durchschnittliches politisches Engagement reduziert sich gerade einmal darauf, unsere Politiker mit niedrigen Wahlbeteiligungen abzustrafen und sich ansonsten nur für die eigenen persönlichen Belange zu interessieren!

Haben wir den Blickwinkel für unser Handeln eigentlich auf unseren glücklicheren Teil der Welt reduziert? Wie können wir unser Geld für ein gutes CO_2-Gefühl zum Fenster hinaus werfen, wenn anderswo auf derselben Erde Menschen verhungern oder an heilbaren Krankheiten sterben?

Dabei muss im Angesicht der vorhergesagten Klimakatastrophe die Ernsthaftigkeit unserer persönlichen Bemühungen um Energieeinsparungen in Frage gestellt werden; denn irgendwie ist es uns gelungen, die prophezeite Klimakatastrophe verhindern zu wollen und gleichzeitig die daraus resultierenden Anforderungen an unsere persönliche Lebensführung zu ignorieren!
Wir alle hören immer wieder in den Medien, dass allein die „Standby"-Funktion unserer technischen Haushaltsgeräte hier bei uns in Deutschland so viel Energie verbraucht, wie drei durchschnittliche Atomkraftwerke erzeugen. Wenn wir also wirklich ernsthaft um das Weltklima besorgt wären und uns Gedanken um die Zukunft dieser Welt machen

würden, dann wäre es doch ganz einfach, diese „Standby"-Funktion abzuschaffen! Man stelle sich nur einmal vor: Durch eine einfache administrative Handlung unseres Gesetzgebers und ohne wesentliche Zusatzkosten (was kostet denn schon ein Netzschalter?) würden wir innerhalb von etwa 10 Jahren unseren Stromverbrauch um knapp 5 Prozent senken! Diese 10 Jahre müssten wir ansetzen, bis die gegenwärtig genutzten technischen Geräte sukzessive durch neue Geräte ersetzt worden wären.

Wir sollten an dieser Stelle auch bitte nicht irgendwelche demokratischen Ideale wie Selbstbestimmung und Selbstverantwortung für unser fehlendes ökologisches Handeln strapazieren. Schließlich haben wir in den vergangenen 20 Jahren von Seiten des Gesetzgebers die ökologische Messlatte für unsere Automobilindustrie ja auch ständig höher gelegt!

Wollen wir also ganz ernsthaft eine ökologische Wende?
Nein, ganz offensichtlich nicht!
Wir wollen wohl eher, dass es uns so richtig weh tut, wir wollen eine Ökosteuer auf Treibstoffe, auf elektrischen Strom und eine Bestrafung derjenigen, die sich keine neuen Autos leisten können!

Wir wollen uns als die Märtyrer der Ökologie fühlen!

Und eigentlich würden wir ja auch gerne so weitermachen wie bisher. Deshalb sind wir hier in den reichen westlichen Industrienationen auf eine ganz schlaue Idee gekommen: Warum sollten wir eigentlich unsere Treibstoffe nicht aus nachwachsenden Rohstoffen erzeugen (Stichwort E10), das gäbe dann für uns ein gutes Gewissen und ein Nullsummenspiel in der Ökobilanz! Unser gutes Gewissen erkaufen wir allerdings damit, dass wir unseren

Mitmenschen in der Dritten Welt ihre schon jetzt sehr knappen Nahrungsmittel wegnehmen. Nutzbare Rohstoffe sind nun einmal nicht beliebig verfügbar, und daher ist es nur eine Frage der Zeit, wann Reis, Mais und Getreide aus der Dritten Welt in unsere Fahrzeugtanks fließen werden.

Die Aga-Kröte lässt schön grüßen!

Denn weder Ökonomie noch Ökologie hören an den Ländergrenzen einfach auf; sie betreffen die ganze Erde und die gesamte Menschheit! Immerhin kann man dem Durchschnittsbürger bestätigen, dass er an dieser Stelle weit klüger ist als der Durchschnittspolitiker: Die Einführung von E10 war glücklicherweise hier bei uns bisher (2011) ein Desaster. Eigenartig ist nur, dass alle Welt vom dummen Autofahrer spricht, der lediglich Angst um seinen Motor hat! Es bleibt aber zu hoffen, dass der eine oder andere Autofahrer dabei auch an unsere Mitmenschen in der Dritten Welt gedacht haben mag.

Die augenblickliche Situation stellt sich folgendermaßen dar: In den etwa zweihundert Jahren seit Beginn von Industrialisierung und technischer Entwicklung hat der Mensch, und zwar in erster Linie der Mensch in den westlichen Industrienationen, erhebliche Mengen fossiler Brennstoffe aus der Erde entnommen und verbrannt. Dieses Verhalten gefährdet mit ziemlicher Sicherheit unsere natürlichen Ressourcen, die weltweite Ökologie und möglicherweise sogar unser Klima.
Bereits seit etwa drei Jahrzehnten versuchen die westlichen Industrienationen daher, dieser Entwicklung durch unterschiedlichste Maßnahmen gegenzusteuern. Dabei konnten sie sich allerdings nicht auf einen verbindlichen

Maßnahmenkatalog einigen. Gleichzeitig sind die Schwellenländer gerade dabei, den besagten Entwicklungsprozess unserer westlichen Industrienationen mit voller Kraft nachzuholen! Und jetzt wollen wir hier plötzlich ganz hektisch durch die Umstellung auf erneuerbare Energien gegensteuern?

Ist das denn klug? Was würde denn eigentlich Otto Normalverbraucher machen, wenn ihm das Wasser bis zum Halse stünde?

Otto Normalverbraucher wäre sich sicherlich bewusst, dass seine finanziellen Ressourcen knapp bemessen sind. Bei einem gegebenen Problem würde er sich also eine Liste aller notwendigen Maßnahmen für eine Problemlösung machen und die jeweiligen Kosten dahinter schreiben. Dann würde Otto Normalverbraucher versuchen zu ermitteln, welchen prozentualen Beitrag jede einzelne Maßnahme zur Lösung des Gesamtproblems beitragen würde. Und schließlich würde er noch versuchen, das zukünftige Schadenpotential für Maßnahmen zu ermitteln, die nicht sofort durchgeführt werden würden.
Aus all diesen Daten würde Otto Normalverbraucher dann eine Prioritätsliste aufstellen, um sie nach und nach abzuarbeiten. Und während Otto Normalverbraucher diese Prioritätenliste aufstellt, würde er schon einmal diejenigen Maßnahmen durchführen, die für ein ganz kleines Geld einen messbaren positiven Beitrag zu der angestrebten Problemlösung liefern könnten. Am Ende stünden ganz oben auf dieser Prioritätsliste diejenigen Maßnahmen mit dem größten positiven und, falls nicht durchgeführt, negativen Einfluss auf das gewünschte Endergebnis und die „Billiglösungen" wären bereits umgesetzt.

Eine solche Prioritätenliste ist in unserer gesellschaftspolitischen Klimadiskussion aber nirgendwo klar zu erkennen! Da werden vielmehr ganz eigenartige Ziele, Termine und Insellösungen publiziert, wie zum Beispiel: Die Erzeugung von 20 Prozent alternativer elektrischer Energie bis zum Jahre 2020, 10 Prozent Kraftstoff aus erneuerbaren Energien, 1.000.000 Elektroautos auf Deutschlands Straßen bis zum Jahre 2020, und und und ...

Diese Einzelziele lesen sich denn auch eher wie ein Wunschzettel, von wem auch immer der geschrieben worden sein mag. Im Angesicht des weiter oben beschriebenen „Standby"-Desasters kann unser Maßnahmenkatalog jedenfalls nicht von Otto Normalverbrauchers Prioritätenliste stammen und auf ein klar definiertes gemeinsames und globales Ziel gerichtet sein!

In den Anfängen unserer Bundesrepublik gab es ja einmal eine klare Trennung zwischen der Kontinuität in einer fachlich und gesetzgeberisch kompetenten Verwaltung und der Entscheidungskompetenz der politisch verantwortlichen Führung. Da wurden dann bei einem Regierungswechsel vielleicht unterschiedliche gesellschaftliche und wirtschaftliche Prioritäten gesetzt, aber der gesellschaftliche Konsens unserer sozialen Marktwirtschaft wurde fortgeführt. Heute bringt, von außen betrachtet, jede neu gewählte politische Führung offenbar ihren eigenen gesellschaftlichen Konsens mit ins Amt ein und lässt sich dabei auch noch von externen Beratern unterstützen.

Zugegeben, in einer globalisierten Marktwirtschaft dürfte es nicht einfach sein, ordnungspolitische Eckpunkte für eine zielgerichtete ökologische Entwicklung zu setzen, und schon gar nicht auf einer gemeinsamen internationalen Basis. Aber wo kommen denn unsere witzigen Zielsetzun-

gen zur Vermeidung des prophezeiten Klimawandels nun eigentlich her? Und welche Ziele verfolgen wir damit wirklich? Geht es uns nun um die Vermeidung des CO_2-Ausstoßes oder geht es uns in erster Linie um die Abschaltung unserer Atomkraftwerke; oder vielleicht von beidem ein bisschen? Das eine erfordert neue Stromtrassen, weil die alten für eine solche Planung in der falschen Richtung verlaufen, und das andere ein Atom-Endlager, das wir noch gar nicht besitzen.
Irgendwie passt hier jedenfalls gar nichts zusammen! Es sei an dieser Stelle einmal ernsthaft angemerkt, dass die Politiker nach den Spielregeln unserer Demokratie eigentlich die gewählten Lobbyisten unseres Volkes sind und als solche auch bereits vom Volk bezahlt werden!

Auch die wichtige Rolle der Medien in der gesellschaftlichen Meinungsbildung entwickelt sich eher eigenartig. Was soll man beispielsweise davon halten, wenn in den Medien gerade aktuell (5/2012) von einer *„zunehmenden Isolation Deutschlands"* in der Eurobond-Frage berichtet wird, während unsere Bundesregierung in ihrer ablehnenden Haltung von den wirtschaftlich stabilen kleineren Staaten der Eurozone weiterhin voll unterstützt wird?
Informationsfreiheit bedeutet im herkömmlichen Sinne ja nicht unbedingt die Freiheit zur Weitergabe von manipulativ-zielgerichteten Informationen. Welches Süppchen wird da eigentlich auf dem demokratischen Altar unserer Meinungsfreiheit gekocht? Haben etwa einzelne Medien bereits unbemerkt die Seite gewechselt und unterstützen jetzt als Lobbyisten säkulare wirtschaftliche Interessen? Wir können uns heute offenbar nicht mehr darauf verlassen, dass alle unsere Repräsentanten und Medien grundsätzlich nur das öffentliche Interesse im Auge haben...

Ach übrigens – wo steht eigentlich Ihr Stromzähler? Dumme Frage, werden Sie sagen, natürlich bei uns im Keller! Aber was würden Sie denn dazu sagen, wenn Ihr Stromzähler direkt beim Stromerzeuger stehen würde? Sie würden zu Recht kritisieren, dass Sie dann auch noch den Leitungsverlust für den Transport Ihres Stromes bezahlen müssten!

Anmerkung: Das müssen sie zwar sowieso, weil die Leitungsverluste nämlich in der Strompreiskalkulation Ihres Versorgers bereits enthalten sind, aber immerhin wird er dafür eine Art Selbstkostenpreis ansetzen müssen.

Und jetzt raten Sie mal, wo bei der Einspeisung alternativ erzeugter elektrischer Energie der Stromzähler steht. Sie werden es nicht glauben: Beim Erzeuger!

Also: Wir subventionieren die Erzeugung alternativer elektrischer Energie und tragen auch gleichzeitig noch die Leitungsverluste zu voll subventionierten Preisen für den jeweiligen Unternehmer mit! Während also der konventionelle Stromerzeuger dem Verbraucher nur die tatsächlich verbrauchte Nettostrommenge direkt in Rechnung stellen kann, subventionieren wir Stromverbraucher dem alternativen Stromerzeuger die gesamte erzeugte Bruttostrommenge inklusive seiner Leitungsverluste!

Bei einer verbrauchernahen Stromerzeugung würden solche Leitungsverluste wenigstens ökologisch sinnvoll minimiert werden. Vielleicht wird an dieser Stelle auch schon klar, warum wir unbedingt eine zentrale Erzeugung in Megaparks und neue Stromnetze benötigen. Von der Subventionsabschöpfung her optimal wäre nämlich die Erzeugung einer maximalen Strommenge aus erneuerbaren Quellen, von der dann möglichst wenig beim Verbraucher ankommt! Und eine Rückspeisung von konventionellem Strom über einen alternativen Subventionszähler würde, ausreichende kriminelle Energie vorausgesetzt, sicherlich auch kein größeres technisches Hindernis darstellen!

Und es gibt da noch einen weiteren regenerativen Etikettenschwindel: Für den aktuell erzeugten Strom aus Windkraft und Photovoltaik existieren keine ausreichenden Speichervolumina. Die Netzanpassung dieser regenerativ erzeugten Energiemengen findet daher also im Wesentlichen auf Kosten des Wirkungsgrades bei der konventionellen Energieerzeugung statt.

Auch hier lässt die Aga-Kröte herzlich grüßen!

Die Erzeugung von Solarstrom verläuft grundsätzlich entgegen unserem jahreszeitlichen Stromverbrauch. Offenbar sehen die Bundesländer im Aufbau einer eigenen Stromproduktion aus erneuerbaren Energien aber große Chancen für ihre individuelle Strukturentwicklung, ohne dabei auf irgendwelche bundesweiten Netzbelange Rücksicht zu nehmen. Wegen des ungehemmten Aufbaus neuer Solarkapazitäten hatte die Bundesregierung schließlich beabsichtigt, die Fördermittel für die Produktion von Solarstrom zu kürzen, was am 11. Mai 2012 dann aber vom Bundesrat abgelehnt worden ist. Bis zu diesem Datum existierte übrigens noch nicht einmal eine durchgängige Planung für den bundesweiten Aufbau einer wirtschaftlichen Stromproduktion aus erneuerbaren Energien.

Es bleibt also schlichtweg festzustellen, dass wir mit unserem Maßnahmenkatalog zum Klimaschutz an die wirtschaftliche Kompetenz von Otto Normalverbraucher nicht annähernd heranreichen können, sondern vielmehr gerade dabei sind, auf diesem Sektor unsere Marktwirtschaft abzuschaffen!

Konventionelle Energieträger

Das Holz ist sicherlich die älteste Energiequelle des Menschen. Das war bei der geringen Bevölkerungsdichte in historischen und vorhistorischen Zeiten sicherlich überhaupt kein Problem für die Umwelt. Auch einzelne Auswüchse in historischen Zeiten, wie sie mit der Holzkohleproduktion in den Mittelgebirgen bereits erwähnt worden sind, spielen in einer globalen Betrachtung sicherlich eine eher untergeordnete Rolle.
Schon seit dem 16. Jahrhundert gab es in Mitteleuropa übrigens wachsende Befürchtungen über die Verknappung der verfügbaren Holzressourcen (Holznot – [59]), die dann um 1800 ihren Höhepunkt erreicht haben soll.

Für eine Industrialisierung im heutigen Umfang hätte es bei alleiniger Nutzung von Holz- und Holzkohlebrand auch sicherlich niemals gereicht!

Die Kohle hat unsere industrielle Entwicklung daher erst möglich gemacht.
Es ist nun keineswegs so, dass die Kohlevorräte unserer Erde inzwischen aufgebraucht wären. Vielmehr hat die Kohle in Öl, Gas und Atomenergie lediglich „sauberere" Konkurrenten erhalten. Trotzdem wäre die Kohle auch unter unseren hohen Emissionsstandards ein zukunftsträchtiger Energieträger, wenn da nicht die CO_2-Diskussion wäre. Braunkohle ist nämlich von allen fossilen Energieträgern der größte CO_2-Immitent pro Kilowattstunde, also möchte der gesunde Volkswille diese „Dreckschleudern" nicht mehr in unserem Lande haben.
Indien und China sehen das völlig anders, dort werden nach wie vor hunderte neue Kohlekraftwerke gebaut.

Die Kohlenwasserstoffe haben unsere Gesellschaft dann schließlich mobil gemacht. Über mehr als ein Jahrhundert hat das Öl als Energieträger die Entwicklung des Automobils begleitet, den Hausbrand vereinfacht und uns ganz neue Werkstoffe geschenkt. Heute stehen wir nicht mehr weit vor einem absoluten Fördermaximum (globales Ölfördermaximum), nach dem es dann mit der Ölförderung nur noch bergab gehen wird, aber das ist ein eigenes Kapitel in diesem Buch.

Die Atomenergie hatte eine schwere Kindheit. Sie hat immer im Schatten der Atombombe gestanden, von der sich später viele ihrer Väter, von Einstein bis Szillard, losgesagt haben.
Losgelöst von Historie und aktuellen Szenarien könnte man zunächst einmal sagen, dass die Atomkraft derjenige Energieträger ist, der genau die Lösung für unser aktuelles Klimaproblem durch den industriellen CO_2-Ausstoß darstellen könnte. Allerdings hat das Wissen um die Kernspaltung den Menschen das erste Mal in der Entwicklung seiner technischen Zivilisation an eine Grenze gebracht: Entscheidungen im Jetzt und Heute werden sich zwangsläufig auf Jahrtausende hinaus in die Zukunft auswirken. Bisher haben sich Kriege und Katastrophen immer aktuell in der Gegenwart abgespielt - und hinterher wurde dann alles wieder neu aufgebaut. Bereits die übernächste Generation war mit den Folgen nicht mehr wirklich belastet. Aber alles das an Atommüll, was wir irgendwann einmal in unsere noch nicht vorhandenen Endlager einbringen werden, kann in 100, 500 oder 1000 Jahren auch irgendwie und von irgendwem wieder dort herausgeholt werden – und wir können das im Hier und Heute nicht verhindern!

Das ist eine völlig neue Dimension, und mit dem Blick zurück auf mehr als 2000 Jahre schriftlich überlieferte Geschichte fällt es darum auch schwer, die Atomenergie wirklich zu mögen und für wertfrei zu halten.

Da wir jetzt aber die Atomkraftwerke schon einmal haben und sowieso noch nicht wissen, wo wir mit unserem Atommüll abbleiben sollen, könnte man diese Energie tatsächlich als Brückentechnologie zwischen fossilen Energieträgern und einer sinnvollen alternativen Energiegewinnung nutzen. Wir könnten damit unseren CO_2-Ausstoß einschränken, ohne dabei wesentliche neue und zusätzliche Gefahren heraufzubeschwören und ohne neue Leitungstrassen für die industrielle Stromerzeugung aus regenerativen Quellen bauen zu müssen. Das könnte man auch, wenn man denn wollte, wenn es Fukoshima nicht gegeben hätte!

Eine Eintrittswahrscheinlichkeit für den Totalschaden eines Atomkraftwerkes von Eins zu vielen Millionen spiegelt uns Menschen eine falsche Sicherheit vor. Man ist ja immer geneigt, die geringe Eintrittswahrscheinlichkeit doch irgendwie mit der Schadenhöhe zu verknüpfen und das Ganze dann weit in die Zukunft zu schieben.

Fukoshima aber hat uns, und wahrscheinlich in noch viel stärkerem Maße als Tschernobyl, gezeigt, dass es Technologien gibt, deren Wertschöpfung in keinem Verhältnis zu ihrem möglichen Schadenpotential stehen.

Und auch aus geowissenschaftlicher Sicht war Fukoshima der Supergau überhaupt: Was die Erdbebenaktivität angeht, so gab es vor mehr als 50 Jahren, als in Fukoshima der erste Kraftwerksblock projektiert wurde, bereits ausreichende Zeitreihen seismologischer Messungen von Beginn des Jahrhunderts an, da war man also schon ganz gut vorbereitet. Die **Tsunami**-Forschung steckte dagegen

noch in den Kinderschuhen. Man hatte bereits Vorstellungen über das Entstehen von Tsunamis, man kannte die Fluthöhen historischer Ereignisse, und man hatte eine Vorstellung von ihrer Ausbreitungsgeschwindigkeit.
Vor diesem geowissenschaftlichen Hintergrund wurde dann also Fukoshima in den 60-er Jahren des vergangenen Jahrhunderts gebaut. Die Kraftwerksblöcke von Fukoshima waren immerhin für ein Erdbeben der **Magnitude** 8,2 ausgelegt. Das wurde dann später in den Medien auch hinlänglich kritisiert, weil das **Tōhoku**-Beben ja eine Magnitude von 9,0 hatte. Dabei hängt die Schütterwirkung eines Erdbebens neben seiner eigentlichen Magnitude aber in erster Linie von der Entfernung zum Bebenherd ab. Und da Fukoshima etwa 200 Kilometer vom Epizentrum des Tōhoku-Bebens entfernt liegt, mag die Auslegung der Reaktorblöcke gegen Erdbeben nicht so ganz falsch gewesen sein, wie das Ergebnis gezeigt hat.
Eine Katastrophe war hingegen die Auslegung von Fukoshima gegen **Tsunamis**! Nicht, dass man es beim Bau von Fukushima hätte besser wissen müssen; als Beginn der modernen Tsunamiforschung gilt das Erdbeben von Valdivia (Chile 1960), und da war Fukoshima bereits in Planung.

Aber offenbar sind an Fukoshima dann einfach 50 Jahre neuere Tsunami-Forschung ohne ausreichende Konsequenzen für den Schutz dieses Kraftwerkes vorübergegangen! Ein paar Jahre vor der Katastrophe in Fukoshima gab es sogar eine ausdrückliche Warnung von Seiten eines japanischen Geowissenschaftlers [60], der damit offenbar selbst bei der japanischen Atomaufsicht kein Gehör gefunden hatte.
Was hier ganz besonders ärgerlich machen kann, ist die Vermeidbarkeit dieser Katastrophe. Die Reaktorblöcke hat-

ten dem Beben standgehalten, die Notabschaltung hatte funktioniert, die Notstromdiesel waren angesprungen, und dann kam der Tsunami ...
Und selbst danach hatte, bis auf die Notstromdiesel, noch alles richtig funktioniert: Die Brennelemente wurden noch so lange ausreichend gekühlt, wie die Batterien elektrischen Strom für den Betrieb der Kühlwasserpumpen liefern konnten – eine Katastrophe mit Ansage also, die man in den Nachrichten sehr schmerzlich mitverfolgen konnte.

Nach Fukoshima stellt sich deshalb die Frage nach der Sicherheit von Atomkraftwerken weltweit und grundsätzlich neu: Sind seit der Fertigstellung des betreffenden Atomkraftwerkes die neuesten wissenschaftlichen Erkenntnisse aus allen relevanten Fachdisziplinen in ausreichender Form in die technische Überprüfung des betreffenden Kraftwerkes eingeflossen und sind diese Erkenntnisse dann auch baulich in ausreichender Weise umgesetzt worden? Hat man das Kraftwerk also ständig „aktualisiert" oder fährt man es immer noch auf dem Stand seiner Erbauung? Und nach Fukoshima bekommt auch der Begriff „Redundanz" ein ganz neues Gewicht.

Was heißt eigentlich Redundanz?

Redundanz ist, im wissenschaftlichen Sinne, eine Überbestimmung. Es ist mehr von irgendetwas da, als man eigentlich braucht, zum Beispiel werden wichtige Daten doppelt erhoben und doppelt gespeichert. Allerdings muss man seine Redundanzen auch schützen: Es ist jedenfalls keine vollständige Redundanz, wichtige Geschäftsdaten auf demselben Rechner auf zwei getrennten Laufwerken zu speichern. Das hilft zwar gegen einen einfachen Plattenabsturz, aber nicht gegen einen Blitzeinschlag. Dagegen hilft nur ein zweiter Rechner in einem anderen Gebäude - plus einer Tageskopie der Daten im Tresor.

Also: Redundante Sicherheitssysteme müssen völlig unabhängig voneinander sein und dürfen nicht gleichzeitig durch ein und dasselbe Schadenereignis ausfallen!

Man hatte uns jahrelang erzählt, unsere Atomkraftwerke gehörten zu den sichersten der Welt, weil sie mehrere unabhängige Kühlkreisläufe besitzen.
Und wir mussten jetzt nach der Katastrophe von Fukoshima feststellen, dass es dort gar keine ausreichende Redundanz für die Stromversorgung solcher Kühlwasserpumpen gab - und dabei sind uns die Japaner doch technologisch zumindest ebenbürtig.

Es muss also erlaubt sein nachzufragen, ob alle Sicherheitssysteme deutscher Atomkraftwerke wirklich redundant ausgelegt sind oder ob hier etwa auch alle Notstromaggregate auf einem Haufen stehen. Und nach Fukoshima muss auch gefragt werden dürfen, ob es in Deutschland eine mobile Eingreiftruppe gibt, die mit den erforderlichen Notstromaggregaten ausgerüstet ist und die innerhalb der jeweiligen Batterielaufzeiten jedes deutsche Atomkraftwerk sicher erreichen kann; denn nur so kann im Ernstfall ein unterbrechungsfreier Betrieb der Kühlwasserpumpen garantiert werden! Und erst dann würde es überhaupt einen Sinn machen, in unserem Land weiter über Brückentechnologie und Restlaufzeiten nachzudenken!
Anstatt aber sofort nach Fukoshima unsere Kernkraftwerke einer strengen Prüfung aller redundanten Sicherheitseinrichtungen zu unterziehen und sie bei dem geringsten

Zweifel sofort abzuschalten, haben wir hier in Deutschland unsere ältesten Atommeiler völlig panisch gleich ganz vom Netz genommen. Das mag hinsichtlich der generellen Alterung von Werkstoffen ja schließlich auch ein plausibler Ansatz gewesen sein, aber für die grundsätzliche Betriebssicherheit eines Atomkraftwerkes ist das Alter allein kein Maßstab. Denn die eigentliche Lehre aus Fukoshima war ja die fehlende Redundanz der (redundanten) Sicherheitseinrichtungen und die Frage nach einer für den Notfall ausgerüsteten Eingreiftruppe – und beides bleibt hier bei uns in Deutschland weiterhin völlig unbeantwortet!

Ein medialer Geniestreich war dagegen die Neiddiskussion um unsere „abgeschriebenen" Altmeiler. Nach mehr als 60 Jahren Marktwirtschaft hat man damit den geängstigten Bürgerinnen und Bürgern tatsächlich weisgemacht, die alleinigen Nutznießer dieser Altmeiler seien die Stromkonzerne selbst; dass Abschreibungen für neue Kraftwerke mit der Steuerlast verrechnet und damit von der Allgemeinheit getragen werden, scheint irgendwie in den Wirren um diese Atomkatastrophe untergegangen zu sein...

Inwiefern die Abschaltung unserer alten Atommeiler die Sicherheit der deutschen Bevölkerung jetzt also tatsächlich erhöht haben mag, steht völlig in den Sternen!

Und – wenn wir uns schon solche Gedanken über die Sicherheit von Atomkraftwerken machen, dann sollten wir uns bitte sehr auch fragen, inwieweit denn die russischen und französischen Altmeiler, aus denen wir unseren Strom jetzt beziehen, eigentlich unseren eigenen sicherheitstechnischen Anforderungen entsprechen!

Über die Endlichkeit unserer natürlicher Ressourcen am Beispiel des globalen Ölfördermaximums

Dem Club of Rome gebührt die Ehre, die Endlichkeit unserer natürlichen Ressourcen bereits 1972 mit der Studie „Die Grenzen des Wachstums" einer breiten Öffentlichkeit nahe gebracht zu haben [61]. Das Ergebnis dieser Studie ist ganz einfach: Alle natürlichen Rohstoffe auf unserer Erde sind endlich und jeglicher anthropogene Ressourcenverbrauch stellt eine Hockeyschläger-Kurve dar!
Dieser Hockeyschläger endet nicht erst, wenn der betreffende Rohstoff völlig aufgebraucht ist. Vielmehr reicht es bereits aus, wenn die jährlichen Steigerungsraten nicht mehr von den Erzeugern bedient werden können.

Bei allen Rohstoffen unterscheiden wir sichere Reserven und vermutete Ressourcen. Aus den Reserven wird bereits produziert und aus den Ressourcen könnte produziert werden. Zu diesem „könnte" gehört natürlich auch ein „wenn", denn es wird ja noch nicht produziert:

- o Im einfachsten Fall fehlen nur die Investitionsmittel für die Einrichtung der Produktionsanlagen.

- o In anderen Fällen weiß man noch gar nicht genau, wie groß die betreffende Lagerstätte eigentlich ist und ob sich eine Investition in Produktionsanlagen überhaupt lohnen würde. Die Lösung dieser Fragestellung erfordert dann also noch einmal zusätzliche Investitionen.

- o Und schließlich gibt es Lagerstätten, von denen man bereits sicher weiß, dass sich ihre Ausbeutung wirtschaftlich nicht lohnen würde, weil die Förderkosten höher wären als der Verkaufserlös.

Und das Letztere passiert leider nicht nur bei den Ressourcen. Nehmen wir als Beispiel einmal unsere eigene, weitgehend stillgelegte Kohleförderung hier in Deutschland: Die Lagerstätten waren da, die Förderanlagen waren da und die Kumpel haben schwer geschuftet. Diese Kohle hat schließlich nach dem 2. Weltkrieg unser deutsches Wirtschaftswunder angefeuert - und später hat es sie dann voll erwischt.

Nein, die Lagerstätten waren noch lange nicht erschöpft. Aber die Förderung war unwirtschaftlich geworden. Auf dem Weltmarkt wurde Kohle angeboten, die im Tagebau gewonnen werden konnte, während unsere Kohle aus bis zu 1.000 Metern Tiefe ans Tageslicht gefördert werden musste.

So hat denn die billigere Konkurrenz vom Weltmarkt unserer Kohleförderung schließlich das Licht ausgeblasen – so funktioniert eben die Marktwirtschaft!

Aber als Merkposten sei hier festgehalten: Unsere Kohle ist noch da und sie würde noch für viele hundert Jahre ausreichen. Allerdings haben sich diese Reserven in unwirtschaftliche Ressourcen zurückentwickelt.

Und wie sieht es am Ende eines Hockeyschlägers nun genau aus? Betrachten wir dazu als Beispiel einmal das globale Ölfördermaximum. Der Begriff „World Peak Oil Production" wurde im Jahre 1956 von Marion King Hubert (Shell) eingeführt, der dafür einen Zeitpunkt um das Jahr 2010 berechnet hatte. Seit etwa einem Jahrzehnt gerät dieses globale Ölfördermaximum mehr und mehr in das öffentliche Interesse.

Abbildung 28 zeigt eine Zusammenstellung unterschiedlichster Szenarien aus Wikipedia **[62]** für den Eintritt eines solchen Ereignisses.

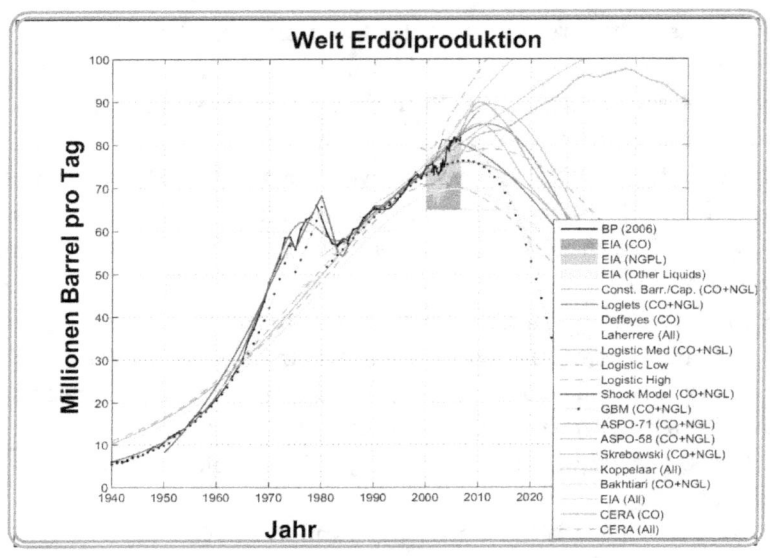

Abbildung 28: Szenarien für das globale Ölfördermaximum
aus Wikipedia [62]

Die meisten Kurvenverläufe zeigen einen scharfen Abfall der Welt-Ölproduktion nach dem Eintritt des globalen Ölfördermaximums.

Ein solcher Förderabfall hätte über einen sofort einsetzenden Verteilungskampf selbstverständlich einen erheblichen Einfluss auf die Verbraucherpreise. Zwischen 1999 und 2008 gab es bereits einen stetigen Anstieg des Ölpreises von etwa 10 US$ pro Barrel (bbl) auf über 120 US$/bbl. Dem Ölpreisverfall in der weltweiten Bankenkrise im Jahre 2008 auf unter 40 US$/bbl folgte dann eine schnelle Erholung auf etwa 60-80 US$/bbl. Wenn wir jetzt die gesamte Preisdifferenz zwischen 80 und 120 US$/bbl der Rohstoffspekulation zurechnen würden, dann kämen wir auf einen spekulativen Einfluss von etwa 50 Prozent auf einen reinen Marktpreis.

Für das Jahr 2010 scheint ein solcher, von Spekulationen weitgehend unbeeinflusster Ölpreis, dann etwa zwischen 60 und 80 US$/bbl gelegen zu haben. Nach dem Eintritt eines globalen Ölfördermaximums dürften Spekulationen einen noch weit größeren Einfluss auf den Ölpreis gewinnen und die Märkte könnten dann noch weitaus schneller auf Lieferengpässe reagieren.

Um das globale Ölfördermaximum zu verstehen, müssen wir uns die Mechanismen der Reservengewinnung in Abbildung 29 einmal näher ansehen. Zu einem gegebenen Zeitpunkt existieren förderbare Reserven, wirtschaftliche Ressourcen und unwirtschaftliche Ressourcen nebeneinander:

- o Die wirtschaftlichen Ressourcen werden sukzessive zu förderbaren Reserven entwickelt, um die vorhandenen Förderkapazitäten zu erhalten oder sogar noch auszubauen. Diese wirtschaftlichen Ressourcen sind also der „Airbag" der Ölgesellschaften und Förderländer gegen den Förderabfall ihrer produzierenden Felder.

- o Die unwirtschaftlichen Ressourcen dagegen sind bekannte Öl- und Gaslagerstätten, deren Förderung bei einem aktuellen Ölpreis teurer wäre als der erzielte Erlös. Eine Vielzahl solcher Ressourcen ist bereits bekannt und wartet auf einen weiteren Ölpreisanstieg, zum Beispiel durch das globale Ölfördermaximum.

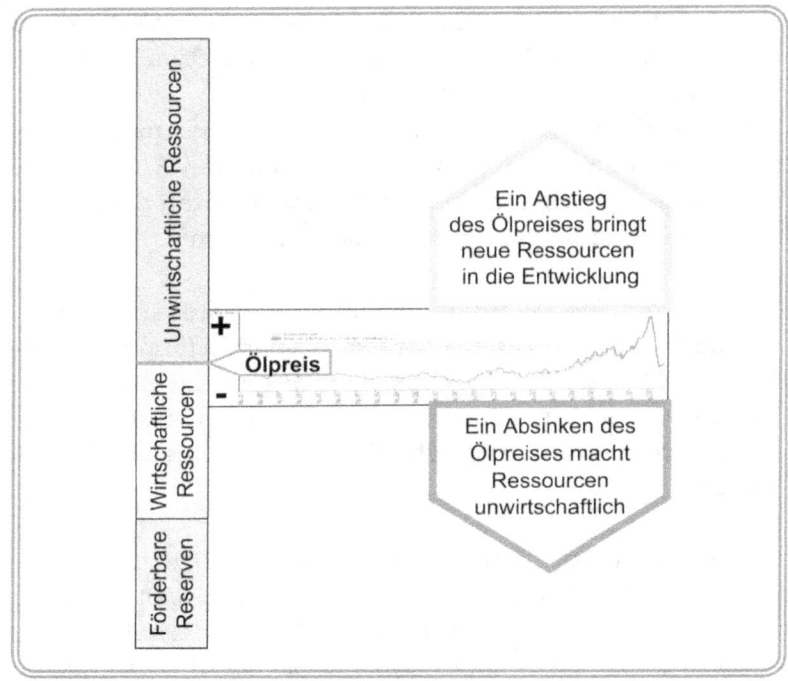

Abbildung 29: Die Wirtschaftlichkeit von Reserven und Ressourcen mit dem Oil Price Diagramm für 1861-2007 aus Wikipedia **[63]**

Abbildung 29 ist damit ebenfalls unter der „Creative Commons-Lizenz 3.0 Unported" (Namensnennung - Weitergabe unter gleichen Bedingungen) lizenziert

Wenn jetzt nämlich der Ölpreis steigt, dann verändert sich auch die Grenze zwischen wirtschaftlichen und unwirtschaftlichen Ressourcen und damit stehen dann insgesamt wieder mehr wirtschaftliche Ressourcen zur Verfügung.

Zwischen den Übergangspunkten von „unwirtschaftlich" zu „wirtschaftlich" muss dabei natürlich eine dauerhafte und verlässliche Erhöhung des Ölpreises liegen, weil die

mit der Entwicklung verbundenen Kosten eine Amortisationszeit von Jahren bis Jahrzehnten erfordern. Weiterhin dauert der technische Ausbau einer Ressource bis hin zur Förderung allein schon etwa 1 bis 5 Jahre, so dass damit kein direkter Einfluss auf aktuelle Marktschwankungen möglich ist.
Ein solcher Einfluss ist allein den bereits in Förderung befindlichen Feldern vorbehalten.

Wenn wir diese Vorgänge einmal ganz grob vereinfachen, dann können wir sagen, dass es einige Jahre dauert, bis bei steigendem Ölpreis unwirtschaftliche Ressourcen als wirtschaftliche Ressourcen verbucht werden und ihre Entwicklung zu förderbaren Reserven dann noch einmal in etwa den gleichen Zeitraum in Anspruch nimmt.

Die wahre Natur des globalen Ölfördermaximums ist also nicht etwa das Versiegen der Ölquellen an sich, sondern das Fehlen von wirtschaftlich entwickelbaren Ressourcen für die Aufrechterhaltung der aktuellen Fördermengen.

Erst durch den Preisanstieg, der mit dem globalen Ölfördermaximum eintreten wird, können die bis dahin bereits bekannten unwirtschaftlichen Ressourcen zu neuen förderbaren Reserven entwickelt und mit einem zeitlichen Versatz von einigen Jahren an den Markt gebracht werden, wie das in Abbildung 30 dargestellt ist.

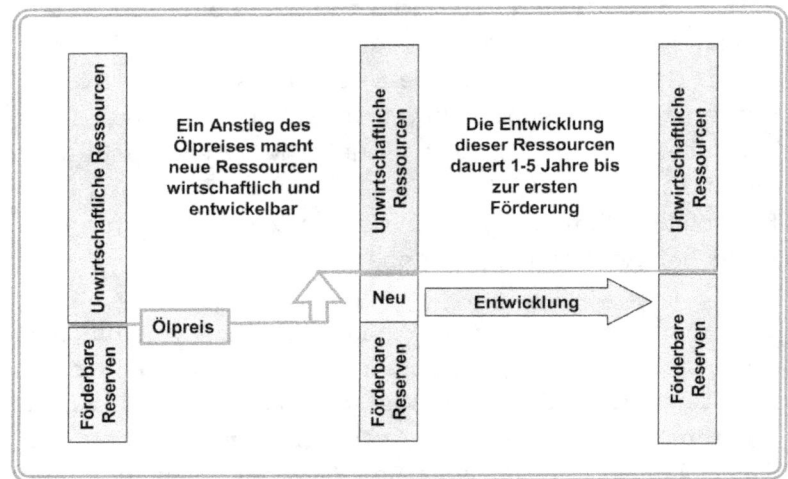

Abbildung 30: Zeitlicher Ablauf der Ressourcenentwicklung nach dem globalen Ölfördermaximum

Für ein mögliches Szenario beim Eintreten des globalen Ölfördermaximums können wir auf die Erfahrungen aus der Ölkrise der Jahre 1973/74 in Abbildung 31 zurückgreifen.

Damals hatte eine Einschränkung der Welt-Erdölförderung um etwa 5 Prozent zu einem Ölpreisanstieg von etwa 3 auf 12 US-Dollar pro Barrel Öl geführt, also um etwa den Faktor 4.

Eigentlich wäre eine solche Einschränkung kaum spürbar gewesen, wenn jeder Einzelne sich nur ein ganz klein wenig im Gebrauch seines Kraftfahrzeuges eingeschränkt hätte. Die Reaktion der Verbraucher waren aber Panikkäufe, die dann erst zu den bekannten Ergebnissen wie Versorgungsengpässen und Sonntagsfahrverboten geführt haben.

Übrigens müssten wir selbst heute kurzfristige Versorgungsengpässe befürchten, wenn alle Verbraucher am gleichen Tage ihre Fahrzeuge volltanken wollten.

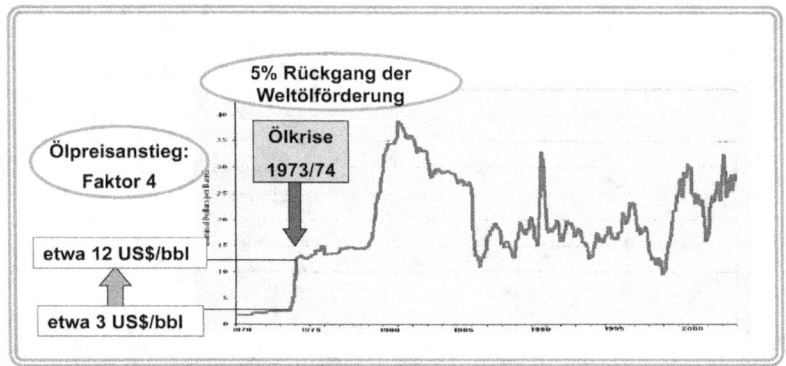

Abbildung 31: Die Ölkrise von 1973/74
(unterlegt ist das Ölpreis Chart [64] aus Wikipedia)

Mit den Erfahrungen aus der Ölkrise 1973/74 dürfte ziemlich sicher anzunehmen sein, dass es zu einem erheblichen Preisanstieg (Vervierfachung der Rohölpreise, nach heutiger Kaufkraft auf bis zu 500 US$ pro Barrel) kommen wird, wenn durch den Eintritt des globalen Ölfördermaximums die ersten Einschränkungen bei der Versorgung mit Rohölprodukten erkennbar werden.

Nach Eintritt des globalen Ölfördermaximums werden solche Marktpreisschwankungen (Abbildung 32) wahrscheinlich die finanziellen Möglichkeiten einer breiten Mehrheit der Verbraucher, zumindest in den Schwellenländern, weit übersteigen und daher auch mit einer gewissen Zeitverzögerung wieder auf die Ölpreise zurückschlagen. Die kontrollierenden Faktoren für den Ölpreis dürften daher nach Eintritt eines globalen Ölfördermaximums nicht nur die

Förderkapazitäten der Felder und die Dauer der notwendigen Ressourcenentwicklung sein, sondern auch und insbesondere die Kaufkraft der Verbraucher.

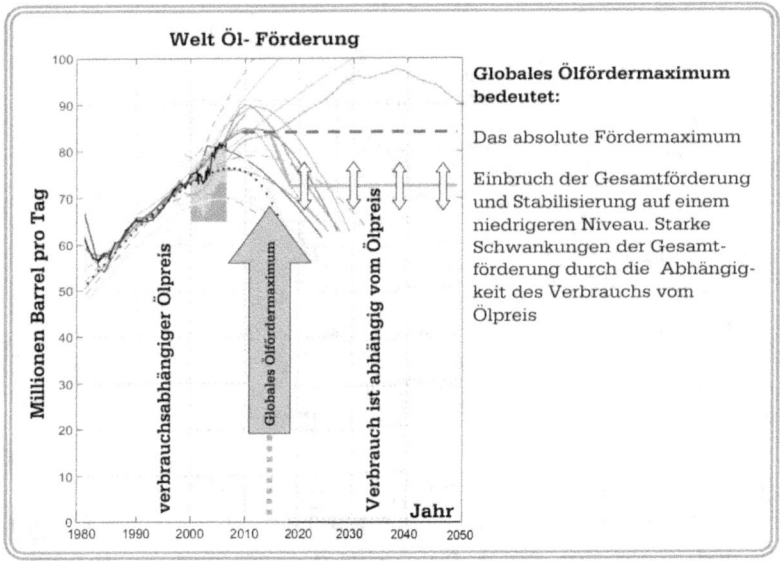

Abbildung 32: Tentatives Marktverhalten nach Eintritt des globalen Ölfördermaximums
unterlegt: World Production Forecast aus Wikipedia **[62]**
Abbildung 32 ist damit ebenfalls unter der „License CC-BY-2.5" (Namensnennung - Weitergabe unter gleichen Bedingungen) lizenziert

Nach einem ersten sprunghaften Anstieg des Ölpreises werden dann mit einem Zeitversatz die bis dahin bereits bekannten und bisher unwirtschaftlichen Ressourcen wirtschaftlich entwickelbar. Wenn diese Ressourcen schließlich entwickelt worden sind und in Produktion genommen werden können, sorgen sie für eine gewisse Entspannung der Nachfrage.

Dieser Ablauf wird mit erheblichen Schwankungen des Ölpreises einhergehen, dessen Mittelwert sich am Durchschnittseinkommen der Verbraucher in den Schwellenländern ausrichten dürfte. Damit sollte es nach Eintritt eines globalen Ölfördermaximums zu erheblichen Schwankungen sowohl in der Ölförderung selbst als auch im Ölpreis kommen. Der Eintritt des globalen Ölfördermaximums dürfte daher eine grundlegende Veränderung im Marktverhalten der Verbraucher kennzeichnen:

Nach Eintritt des globalen Ölfördermaximums dürfte der weltweite Verbrauch von Ölprodukten, und damit die Fördermenge selbst, sehr stark von den aktuellen Produktpreisen abhängig werden.

Die generelle Verfügbarkeit von Erdöl und Erdgas dürfte dagegen kaum von diesem globalen Fördermaximum beeinträchtigt werden. Schließlich existieren riesige Vorräte an unwirtschaftlichen Öl- und Gaslagerstätten auf unserer Erde, und deren Wirtschaftlichkeit ist allein eine Frage des steigenden Ölpreises.

Wir werden uns aber von lieb gewordenen Gewohnheiten, auch im Individualverkehr, verabschieden müssen. Die Tankstelle an der Ecke wird nicht einmal pro Woche mit einem günstigen Benzinpreis locken, sondern vielleicht nur noch jeden Monat oder einmal im Vierteljahr. Zwischendurch müssen wir dann halt mal wieder das Fahrrad herausholen, um zum Bäcker zu fahren, oder unseren Mallorca-Urlaub auf das nächste Jahr verschieben, weil wir gerade Heizöl für den kommenden Winter benötigen.

Aber Öl und Gas werden uns auch für ein weiteres Jahrhundert nicht ausgehen!

Die alternativen Energien

Photovoltaik

Mittels Photovoltaik kann in unseren Breiten von einem Solarmodul mit einem Quadratmeter Fläche im jährlichen Durchschnitt etwa 10 Watt Stromleistung gemittelt über 8760 Stunden erzeugt werden [65].
Anmerkung: Photovoltaik ist in unseren Breiten die ineffektivste Form der erneuerbaren Energien. Sie erhält 50% der Förderung aus dem EEG und liefert dafür lediglich einen Beitrag von 20% zur gesamten geförderten Energiemenge. Sie und ihre Protagonisten führen damit die Regeln unserer Marktwirtschaft auf Kosten des Verbrauchers ad absurdum. Allein diese Tatsache weckt erhebliche Zweifel daran, dass irgendeine politische Führung die wirtschaftliche Kompetenz besitzen könnte, die beabsichtigte Energiewende mit streng marktwirtschaftlichen Maßnahmen – und das heißt hier nachhaltig und kosteneffektiv - umzusetzen!

Schauen wir uns aber einmal an, was sich für die Abdeckung des gesamten Weltenergieverbrauchs mittels Photovoltaik ergibt: Nach der Berechnung der Sonneneinstrahlung in unseren Breiten müssen wir hier bei uns von einem Mittelwert von 65% des Strahlungsmaximums ausgehen. Nehmen wir deshalb also einmal an, ein Solarmodul würde in den äquatornahen Wüstengebieten der Erde durchschnittlich etwa 15 Watt pro Quadratmeter erzielen.
Das Jahr hat 8.760 Stunden. Damit würden unsere Solarmodule dann etwa 130.000 Wattstunden Strom pro Quadratmeter und Jahr erzeugen. Der Weltenergieverbrauch lag im Jahre 2004 bei etwa 120.000 *Terra*wattstunden, also 120.000.000.000.000.000 Wattstunden.
Wenn wir jetzt den Weltenergieverbrauch durch die Jahresleistung unseres 1 qm Solarmoduls teilen, erhalten wir die erforderliche Fläche in Quadratmetern: Das wären dann knapp 1.000.000.000.000 Quadratmeter.

Anmerkung: Wenn wir nun die letzten 6 Nullen weglassen (ein Quadratkilometer hat 1.000.000 Quadratmeter), erhalten wir 1.000.000 Quadratkilometer. Das wäre dann eine quadratische Fläche von 1.000 Kilometern Seitenlänge! Gemessen an der Solarkonstanten von 1.367 Watt pro Quadratmeter erhielten wir hier also eine durchschnittliche Ausbeute von rund einem Prozent.

Aber auch mit einem System-Wirkungsgrad von 10 Prozent (ca. 130 Watt/m^2 Tagesleistung in 12 Stunden oder 65 Watt Durchschnittsleistung in 24 Stunden) ergäbe sich immer noch einen Flächenbedarf von etwa 200.000 Quadratkilometern, also einem Quadrat von etwa 450 Kilometern Seitenlänge. Die Frage ist dabei eigentlich weniger, ob sich diese alternative Energieerzeugung wirtschaftlich wirklich rechnen würde, sondern vielmehr, was dann mit den übrigen 90 Prozent Sonneneinstrahlung auf dieser Fläche passieren würde!

Sollte diese Sonnenenergie in Wüstengebieten mit wolkenlosem Himmel und einer ganz geringen Wasserdampfkonzentration nämlich wieder in den Weltraum zurückreflektiert werden, dann würde sie unserem Klimamotor endgültig entzogen, anstatt den Wüstenboden für eine nächtliche Wärmeabstrahlung aufzuheizen!

Ganz grob gerechnet würden wir bei einem System-Wirkungsgrad von 10 Prozent auf diese Weise nämlich etwa das 10-fache oder 1.200.000 *Terra*wattstunden pro Jahr aus dem Klimamotor unserer Erde entnehmen und damit kämen wir dann schon auf etwa ein Tausendstel seiner Gesamtenergie, und das auf einer Fläche von nur 200.000 Quadratkilometern oder 0,04 Prozent der gesamten Erdoberfläche von 510.000.000 km^2.

Das aber kann natürlich bei einer Konzentration auf wenige ausgewählte Wüstengebiete ökologisch und klimatisch nicht wirklich gut gehen!

Windenergie

Wenn wir den gesamten Weltenergieverbrauch der Weltbevölkerung mittels Windenergie erzeugen wollen, dann kommen wir in folgende Größenordnungen:

Der Weltenergieverbrauch lag im Jahre 2004 bei etwa 120.000 **Terra**wattstunden,
also 120.000.000.000.Megawattstunden.

Nehmen wir für die Windenergie einmal die allerbesten Voraussetzungen an:

- o Eine Baureihe von Windkraftanlagen mit 10 Megawatt,
- o Einen Abstand der Anlagen von 1 Kilometer,
- o Der Wind bläst das ganze Jahr (8.760 Stunden) mit solcher Kraft, dass die Anlagen ständig ihre volle Leistung erbringen,
- o Die Anlagen sind unzerstörbar und absolut wartungsfrei, liefern also konstant 100 Prozent Leistung ans Netz.

Anmerkung am Rande: Mit diesen Annahmen landen wir übrigens wieder bei einem Ertrag von durchschnittlich 10 Watt pro Quadratmeter wie im Solar-Beispiel **[65]**!

Ein einzelnes Windkraftwerk liefert unter den genannten Voraussetzungen übers Jahr 87.600 Megawattstunden.

Und um den Weltenergiebedarf zu decken, benötigen wir dann also 1.350.000 solcher Mega-Windkraftwerke.

Bei einem Abstand von 1 Kilometer zwischen diesen Mega-Windkraftanlagen kommen wir dann auf einen Flächenverbrauch von knapp 1.200 mal 1.200 Kilometern oder über eine Million Quadratkilometern!

Nun können wir aber solche Windkraftanlagen nicht irgendwo aufstellen. Wir müssen damit schon in die Windgürtel unserer Erde gehen, in die Westwind- und Passatzonen (Abbildung 33).

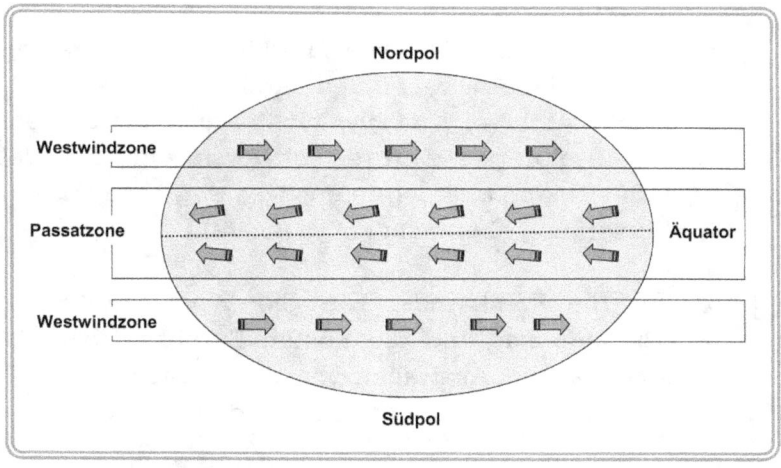

Abbildung 33: **Die Windsysteme unserer Erde**

Wenn wir also auf einem Küstenstreifen von 20 Kilometern Breite ganz geschickt gestaffelt 50 dieser Windkraftanlagen pro Kilometer unterbringen könnten, wären überschlägig aber immer noch mehr als 27.000 Kilometer Küstenlinie erforderlich, um alle unserer Windkraftanlagen aufzustellen!

Glücklicherweise verlaufen die Küstengebiete unserer Kontinente im Wesentlichen in Nord-Süd Richtung. Allerdings sollten wir uns auf den ungestörten Seewind beschränken, um eine möglichst hohe Effizienz unserer Anlagen zu gewährleisten. Dadurch fielen aber die **lee**wärtigen Küsten aus der weiteren Betrachtung heraus; und das wäre in erster Näherung etwa die Hälfte aller Küsten.

Es stehen uns dann also noch zur Verfügung:

- Für die Passate: Die Ost-(**Luv-**)küsten von Südamerika, Afrika, Australien und Südostasien. Der ozeanische Archipel wird hier nicht weiter betrachtet. Als Inselgruppe wäre er schwer in eine globale Infrastruktur zu integrieren, was einer regionalen Versorgung aber nicht entgegensteht.

- Für die Westwinde: Nur die West-(**Luv-**)küste Nordamerikas und die Küsten Europas, da Südamerika und Australien von der südlichen Westwindzone nur knapp berührt werden.

Insgesamt wären das also 6 kontinentale Küsten auf unserer Erde, auf die wir unsere Windkraftanlagen aufteilen können.

Jeder dieser Küstenabschnitte müsste dann rein rechnerisch im Durchschnitt auf 4.500 Kilometern Länge mit Windkraftanlagen in einer Tiefenstaffelung von 50 Anlagen pro Kilometer bebaut werden.

Alternative Technologien und deren Auswirkungen auf die Umwelt

Bei einer genaueren Betrachtung der Klimazonen unserer Erde bietet sich für die Erzeugung von Solarenergie eigentlich nur die Sahara an. Hier haben wir ein gewaltiges Wüstensystem in Äquatornähe, das sich über die gesamte Breite des afrikanischen Kontinents erstreckt.

Ein Streifen der Sahara von 100 km mal 2.000 km könnte also rein theoretisch und im allerbesten Fall Solarstrom für den gesamten Weltenergieverbrauch erzeugen; ein Streifen von 200.000 Quadratkilometern!
Diese Fläche wäre etwa doppelt so groß wie Ungarn (93.030 qkm)! Auf dieser Fläche könnten keine Menschen mehr leben und dort wäre der natürliche Lebensraum für Tiere und Pflanzen erheblich eingeschränkt! Diese Fläche wäre ein unüberbrückbares Hindernis für die nomadisierende Bevölkerung und ihre Herden, ihre uralten Wander- und Transportwege würden dadurch unterbrochen und ihre Existenzgrundlage wäre gefährdet.

Wir würden in Nordafrika damit einen unübersehbaren und nicht wieder gut zu machenden Umweltschaden anrichten, nur um einen befürchteten Klimaschaden zu vermeiden. Und außerdem hatten wir schon gesehen, dass wir wegen des geringen Wirkungsgrades bei der Erzeugung von Solarstrom eine vielfache Menge Energie aus dem Klimamotor unserer Erde entnehmen müssten.

Das glauben Sie nicht? Es ist doch ganz einfach: Der Wirkungsgrad von Solarmodulen nimmt mit steigender Temperatur ab. Man müsste die Module also so konstruieren, dass sie selbst bei starker Sonneneinstrahlung möglichst wenig Wärme erzeugen. Also müsste man sie kühlen oder zumindest hinterlüften, um für eine schnelle Abführung von Strahlungswärme zu sorgen. Wenn also die überschüssige Sonneneinstrahlung, und das sind mindestens 90 Prozent, direkt von den Modulen in den Weltraum zurück reflektiert würde, wäre das fatal. Aber auch dann, wenn die den Wirkungsgrad der Solarmodule übersteigende Sonneneinstrahlung ganz oder teilweise in Wärme umgesetzt werden und wieder an die umgebende Luft abgegeben werden sollte, stünde sie für ihre natürlichen Klimafunktion nicht mehr zur Verfügung! Schließlich speichert der Wüstenboden die tagsüber eingestrahlte Sonnenenergie und gibt sie in der Nacht wieder an die Atmosphäre ab. Diese Funktion hat ihren festen Platz in unserem Klimamotor – und diese Funktion würden wir auf knapp einer Viertelmillion Quadratkilometern dauerhaft außer Kraft setzen!

Für die Windenergie hatten wir in einer ersten Annäherung bereits gesehen, dass wir durchschnittlich sechs Küstenstreifen in den Windzonen unserer Erde von jeweils etwa 4.500 Kilometern Länge mit Windkraftanlagen in einer Tiefenstaffelung von 50 Anlagen pro Kilometer bebauen müssten, um den Weltenergieverbrauch allein mit Windkraft zu erzeugen.

Eine Überprüfung anhand unseres Globus ergibt aber, dass die verfügbaren Küstenlinien dafür wohl nicht ganz ausreichen werden:
Für die Passatzone haben wir etwa den Bereich zwischen 25 Grad Nord und Süd vom Äquator zur Verfügung. Die Westwindzonen liegen etwa zwischen 35 und 65 Grad

nördlicher und südlicher Breite. Pro Breitengrad haben wir etwa 111 Kilometer zur Verfügung.
Die zusammenhängenden Küstenlinien in den Passatzonen unserer Erde haben also in etwa eine Länge von 5.500 Kilometern. Das passt ganz grob für Südamerika und Afrika, zwischen Südostasien und Australien gäbe es bereits Probleme mit Ozeanien.
In den Westwindzonen sieht es noch schlechter aus, denn da stünden nur jeweils ca. 3.300 Kilometer Küstenlinie zur Verfügung.

Wir müssten also die Anlagendichte an den verfügbaren Küsten unserer **terrestrischen** Windzonen noch einmal deutlich erhöhen, um dort alle Windkraftanlagen zur Erzeugung des Weltenergieverbrauchs überhaupt unterbringen zu können.
Und wie sähe das dann aus? Küstengebiete sind sehr beliebte Siedlungsräume. Die Küsten unserer Weltmeere sind dicht besiedelt, und hier wollen wir pro Kilometer bis zu 100 Mega-Windkraftwerke bis weit in das Binnenland hinein aufstellen?

Die Aga-Kröte meint, das sei keine so gute Idee!

Für alle regenerativen Formen der Energieerzeugung gilt: Kleinräumige Anwendungen unterliegen einer individuellen Entscheidung und marktwirtschaftlichen Überlegungen. Aber für den großräumigen Einsatz ist eine fundierte Abwägung zwischen dem möglichen Nutzen und unerwünschten Nebenwirkungen auf Mensch, Umwelt und Klima dringend erforderlich!

Eine Hochrechnung für den Pro-Kopf-Verbrauch der Menschheit

Der statistische Pro-Kopf Verbrauch an Energie auf unserer Erde klafft sehr weit auseinander. Für das Jahr 2003 lag die Spanne zwischen knapp 6 Megawattstunden (MWh) in Indien und knapp 100 MWh in Kanada.
Es leben heute mehr als 7 Milliarden Menschen auf unserer Erde. Wenn wir für alle Menschen einen fairen Pro-Kopf Energieverbrauch von 30 MWh im Jahr ansetzen würden, dann müssten wir dafür bereits schon heute die jährliche Weltenergieerzeugung auf etwa 210.000 TWh (**Terra**wattstunden) im Jahr nahezu verdoppeln!
Wir haben aber auch bereits gesehen, dass weder Solarenergie noch Windenergie allein den aktuellen Energiebedarf auf unserer Erde aus erneuerbaren Quellen decken könnten. Und um allen Menschen auf unserer Erde faire Lebensbedingungen aus erneuerbaren Energien bieten zu können, würden wir schon heute alles beides zusammen in vollem Umfang benötigen.

Ein solcher menschlicher Eingriff in den Klimamotor unserer Erde hätte dann aber wirklich unübersehbare Folgen für das Weltklima. Diese Folgen würden, im Gegensatz zur befürchteten Klimakatastrophe durch den industriellen CO_2-Eintrag, auch noch mit einer ziemlich hohen Sicherheit eintreten!

Wertfreie alternative Energiegewinnung ist also der Traum vom eigenen Rettungsboot für uns Passagiere aus der Luxusklasse der Titanic. Aber hier auf der Erde sitzen wir nun einmal alle gemeinsam im gleichen Boot!

Zusammenfassung für Entscheidungsträger

Die wesentlichen Ergebnisse dieser Betrachtung:

o Unsere Erde ist 4.600.000.000 Jahre alt und unterliegt seit jeher ständigen Veränderungen. Unsere persönlichen Erfahrungen spiegeln nur einen quasistationären Momentanzustand wider und spielen daher in Bezug auf unsere Erdgeschichte und das Klima überhaupt keinerlei Rolle.

o Die einzige wissenschaftlich gesicherte Tatsache für das Klimageschehen auf unserer Erde in erdgeschichtlicher Zeit ist die ständige Veränderung, und das wird auch auf nicht absehbare geologische Zeit so bleiben. Die veröffentlichten Datenreihen, die eine Klimakatastrophe beweisen sollen, sind dagegen erdgeschichtlich viel zu kurz gefasst.

o Die Klimakurven, die eine Klimaerwärmung durch die Industrialisierung dokumentieren sollen, beginnen genau am Ende der „Kleinen Eiszeit". Durch diese Gleichzeitigkeit können wir hier also gar nicht zwischen dem zwangsläufig zu erwartenden natürlichen und einem anthropogenen Temperaturanstieg unterscheiden.

o Eine vorausschauende Klimaforschung wurde in den 1970-er Jahren des vergangenen Jahrhunderts überhaupt erst durch die parallel dazu verlaufende Entwicklung moderner Hochleistungscomputer möglich.

o Um ihre Katastrophenszenarien begründen zu können, hat sich die moderne Klimaforschung mit ganz eigenartigen Argumenten von der Paläoklimatologie gelöst und sich damit außerhalb der gesicherten geowissenschaftlichen Erkenntnisse positioniert.

o Die natürlichen Gesetzmäßigkeiten für die Klimaentwicklung auf unserer Erde sind jedenfalls bis heute nicht vollständig enträtselt und deshalb sind grob vereinfachende Computermodelle für das künftige Klimageschehen buchstäbliche Science-Fiction. Die rechnerischen Klimamodelle dürften eine echte Blindstudie daher gar nicht überstehen.

- Die Entwicklung der höheren Pflanzen vor etwa 600 Millionen Jahren hat das Absinken des CO_2-Gehaltes unserer Atmosphäre von 5.000 ppm auf 280 ppm verursacht. Eine Vegetation existiert also erst in den letzten etwa 12 Prozent unserer Erdgeschichte und hat seither die Sauerstoffkonzentration in unserer Erdatmosphäre von weniger als 5 Prozent auf über 20 Prozent ansteigen lassen.

- Der „natürliche" Treibhauseffekt führt gegenüber einem Erdmodell ohne Atmosphäre zu einer Erhöhung der Temperatur an der Erdoberfläche um ca. 33 Grad auf eine gemittelte Jahrestemperatur von etwa 14 Grad Celsius, was ein Leben auf der Erde überhaupt erst möglich macht.

- Für den „Klimamotor" unserer Erde stehen etwa 65% der eingestrahlten Sonnenenergie zur Verfügung. Das Strahlungsaufkommen zwischen Winter und Sommer schwankt hier auf unserer geographischen Breite etwa um den Faktor drei. Im Sommer kommen wir hier bei uns immerhin fast auf 90 Prozent der möglichen Maximaleinstrahlung unserer Sonne, im Winter sind es dagegen nur noch knapp 30 Prozent.

- Neben den jahreszeitlichen Schwankungen gibt es auch längerperiodische Schwankungen unseres Erdklimas. Solche Schwankungen werden als Milanković-Zyklen bezeichnet und können aus den natürlichen Klimaarchiven unserer Erde abgeleitet werden.

- Von den Protagonisten der Klimakatastrophe muss die Erklärung eingefordert werden, wo wir im natürlichen Klimaverlauf unserer Erde aktuell eigentlich stehen. Aus dem Verlauf der Milanković-Zyklen zeichnet sich in ganz naher geologischer Zukunft jedenfalls eine neue Eiszeit mit einem Temperaturabfall von -4 bis -8 Grad Celsius ab.

- Der weltweite natürliche CO_2-Ausstoß durch vulkanische Aktivität kommt auf durchschnittlich etwa 2 Prozent des aktuellen anthropogenen CO_2-Eintrags und dürfte damit in erster Näherung für das aktuelle Klimageschehen zu vernachlässigen sein.

- Es gibt aktuelle Forschungsergebnisse, die uns aus der Entwicklung der Sonnenfleckenaktivität heraus eine weitere „kleine Eiszeit" vorhersagen.

- Schwankungen im natürlichen solaren Klimaantrieb unserer Erde spielen in den aktuellen Klimamodellen keine Rolle und gegenteilige Forschungsergebnisse werden vom Klima-Mainstream ignoriert oder marginalisiert, insbesondere die Erkenntnisse über atmosphärische Solarverstärkungseffekte wie den „Svensmark-Effekt".

- Der globale CO_2-Ausstoß kann von den Industrienationen her gar nicht abgebremst werden. Die Schwellenländer sind nämlich gerade dabei, den Entwicklungsprozess der westlichen Industrienationen mit voller Kraft und unkontrolliertem CO_2-Ausstoß nachzuholen. Selbst bei einer Null-CO_2-Emission hier in Deutschland wird der globale CO_2-Ausstoß daher weiter ansteigen!

- Alles, was in direktem Zusammenhang mit der Weltbevölkerung steht, auch alle mittelbaren Energieaufwendungen für unsere Transport- und Versorgungslogistik und den individuellen Reiseverkehr, folgen zwingend einer Hockeyschlägerkurve. Unser wirkliches Zukunftsproblem ist also das Wachstum der Weltbevölkerung.

- Wir müssen uns ganz ernsthaft fragen, ob im Hinblick auf die vorhergesagte Klimakatastrophe ein weiterer Ausbau der weltweiten logistischen Verteilungsnetze, und damit eine weitere Globalisierung der Weltwirtschaft, ökologisch wirklich sinnvoll ist.

- Das globale CO_2-Budget des WBGU von 750 Gigatonnen entspricht nicht den gesicherten Tatsachen! Ein Temperaturanstieg von 2 Grad erfordert nämlich eine Verdoppelung des atmosphärischen CO_2-Gehaltes in der Größenordnung von 3.000 Gigatonnen.

- Mit einem CO_2-Ausstoß von jährlich 30 Gigatonnen würden wir etwa 125 Jahre für einen anthropogenen Temperaturanstieg von 2 Grad Celsius benötigen. Bei einer atmosphärischen Verweildauer von 120 Jahren für CO_2 würde sich der anthropogene Klimabeitrag dort stabilisieren.

o Der anthropogene CO_2-Eintrag addiert sich aktuell mit lediglich etwa 5 Prozent auf den natürlichen atmosphärischen CO_2-Kreislauf. Offenbar ist dieser natürliche CO_2-Kreislauf von der Klimaforschung aber quantitativ noch immer nicht vollständig verstanden worden.

o Der Treibhausbeitrag von CO_2 verläuft logarithmisch, das heißt ein wachsender Eintrag von CO_2 erzeugt einen immer kleineren zusätzlichen Beitrag zum bestehenden Treibhauseffekt.

o Es muss für den Treibhauseffekt eine natürliche Dämpfung geben. Denn jeder Temperaturanstieg des Meerwassers verursacht zwangsläufig eine zusätzliche Freisetzung von dort gelöstem CO_2 und müsste eigentlich eine Klimaresonanz verursachen. Eine solche „Resonanzkatastrophe" ist aber in der gesamten Erdgeschichte niemals aufgetreten.

o Für unsere verbliebenen Atomkraftwerke bleibt die Frage nach einer echten Redundanz der Notstromaggregate und nach der Existenz einer mobilen Eingreiftruppe offen. Inwiefern die Abschaltung unserer alten Atommeiler also tatsächlich die Sicherheit der deutschen Bevölkerung erhöht haben mag, steht völlig in den Sternen!

o Nach Eintritt des globalen Ölfördermaximums dürfte der weltweite Verbrauch von Ölprodukten, und damit die Fördermenge selbst, sehr stark von den aktuellen Produktpreisen abhängig werden. Aber Öl und Gas werden uns auch für ein weiteres Jahrhundert nicht ausgehen!

o Wir haben es bisher noch nicht einmal vermocht, die „Standby"-Funktion unserer technischen Haushaltsgeräte abzuschaffen, wodurch wir ohne zusätzliche Investitionen innerhalb von etwa 10 Jahren unseren Stromverbrauch um 5 Prozent senken könnten!

o Wir subventionieren dem alternativen Stromerzeuger die gesamte erzeugte Bruttostrommenge inklusive seiner Leitungsverluste und bezahlen ihm zusätzlich noch die nicht abgenommene elektrische Leistung. Eine ökologisch sinnvolle Standortplanung wird daher beim weiteren Ausbau der alternativen Stromerzeugung überhaupt keine Rolle spielen. Damit hebeln wir die Marktwirtschaft bei der alternativen Energieerzeugung in Zukunft völlig aus!

o Zur Solarenergie: Zur Erzeugung des Weltenergieverbrauchs von 120.000 Terrawattstunden (2004) würden wir bei bestmöglichem Wirkungsgrad eine Fläche von mindestens 200.000 Quadratkilometern in den Wüstengebieten zwischen den geographischen Wendekreisen benötigen. Dafür würden wir dann aber mindestens das 10-fache der erzeugten Energiemenge pro Jahr aus dem Klimamotor unserer Erde entnehmen.

o Zur Windenergie: Um den Weltenergiebedarf mit Windenergie zu decken, würden wir etwa 1.350.000 Windkraftwerke zu je 10-MW mit kontinuierlicher Maximalleistung benötigen. Bei etwa 10.000 Kilometern verfügbarer Küstenlinie müssten wir also pro Kilometer etwa 100 Mega-Windkraftwerke in dicht besiedelten Gebieten aufstellen!

o Wirklich wertfreie Energien sind hier auf unserer Erde nur die gravitative Wasserkraft, die Erdwärme und die Gezeitenenergie. Diese Energieformen sind unabhängig von der Sonnenstrahlung und gehen ohne menschliche Nutzung auf natürlichem Wege im Gesamtsystem unter.

o Der Pro-Kopf Verbrauch an Energie auf unserer Erde lag im Jahr 2003 zwischen 6 und 100 Megawattstunden (MWh). Für einen fairen Pro-Kopf Energieverbrauch von 30 MWh im Jahr für die gesamte Weltbevölkerung müssten wir schon heute die jährliche Weltenergieerzeugung auf etwa 210.000 TWh (Terrawattstunden) im Jahr fast verdoppeln!

o Eine Erhöhung der globalen Durchschnittstemperatur um 1-2 Grad würde in etwa dem Klima in der mittelalterlichen Warmzeit entsprechen. Historisch gesehen hat sich eine solche Klimaerwärmung immer positiv auf eine bäuerliche Gesellschaft ausgewirkt.

... und die wesentlichen Ergebnisse aus dem Anhang:

o Alle bestehenden Klimamodelle sind falsch - sagt die Europäische Organisation für Kernforschung (CERN)! Sie hat als Ergebnis ihres CLOUD-Experimentes **[82]** eine bis zu 10-fach höhere Wirksamkeit des Svensmark-Effektes nachgewiesen und gleichzeitig den bisher als gesichert geltende Aerosol-Effekt in seinem Einfluss auf die Wolkenbildung um mehrere Zehnerpotenzen (1/10 – 1/1.000) herabgestuft.

o Eine Verdoppelung des atmosphärischen CO_2-Gehaltes würde uns nach einer IPCC-konformen Temperaturhochrechnung nicht in eine Klimakatastrophe führen, sondern lediglich in eine neue klimatische Warmzeit! Geo-realistisch gesehen bleibt von der befürchteten Klimakatastrophe ohne Gegenmaßnahmen am Ende sogar nur ein maximaler Temperaturanstieg von etwa 1 - 2 Grad Celsius bis zum Jahre 2100 übrig.

o Es wäre eine gesellschaftspolitische Katastrophe, den Klimaschutz vorschnell als Verfassungsziel einführen zu wollen, wie vom WBGU öffentlich gefordert **[55.3]**, obwohl in der Klimaforschung noch gar kein gesicherter Erkenntnisstand vorliegt. In einem Abgleich gleichrangiger Rechtsgüter könnten damit unsere individuellen Freiheitsrechte sehr leicht einem „öffentlichen Interesse" für den Klimaschutz unterliegen und wir alle wären dann die Geiseln eines monokausalen Klimadiktates!

o Am Ende einer solchen Betrachtung steht der Eindruck, bei der prophezeiten Klimakatastrophe handele es sich um eine moderne Weltuntergangsideologie mit kaufkraftgetriebenen Betroffenheiten. Die einzige gesellschaftspolitisch sinnvolle Lösung wäre eine Demokratisierung des Klimamainstreams und eine Reformierung des IPCC.

o Es bleibt für die Zukunft nur zu hoffen, dass uns nicht erst der Verlust unserer Freiheit im real existierenden CO_2-Klimatismus zu einem Umdenken zwingen wird!

Fazit

 Wir haben gesehen, dass der Traum von einem konstanten Weltklima Humbug ist, denn die einzige wissenschaftlich gesicherte Tatsache für das Klimageschehen auf unserer Erde ist die ständige Veränderung!

 Wir haben auch gesehen, dass der natürliche atmosphärische CO_2-Kreislauf quantitativ noch gar nicht abschließend verstanden worden sein kann. Während nämlich der anthropogene CO_2-Eintrag einen direkten Beitrag zur atmosphärischen CO_2-Konzentration liefern soll, scheint hier der Wegfall von natürlichen CO_2-Senken im Gesamtkreislauf überhaupt keine Rolle zu spielen!

 Und wir haben gesehen, dass die befürchtete Klimakatastrophe nicht auf dem aktuellen CO_2-Ausstoß der Menschheit basiert, sondern auf den Hochrechnungen für zukünftige CO_2-Emissionen durch die Entwicklung der Schwellenländer!

Der Autor ist nach den Recherchen für dieses Buch weniger denn je von der Richtigkeit unserer klimapolitischen Grundvoraussetzungen und Ziele überzeugt. Aber er ist davon überzeugt, dass der Mensch selber in zunehmendem Maße zu einem Problem für Mutter Erde werden wird.

In den neuseeländischen Nationalparks stehen sehr kluge Schilder: „Nehmt nichts mit außer Fotos und lasst nichts zurück außer Fußabdrücken!"

In Abbildung 20 ist die Entwicklung der Weltbevölkerung dargestellt; sie ist eine Hockeyschläger-Kurve. Und was immer die Weltbevölkerung auch macht und machen wird, alles das ist und bleibt eine Hockeyschläger-Kurve. Das Atmen, der Wasserverbrauch, der Nahrungsmittelanbau, der Energieverbrauch – das alles sind Hockeyschläger-Kurven.

Das Problem von Mutter Erde ist also: Die Menschheit nimmt sich heute sehr viel mehr als nur Fotos und sie lässt weit mehr zurück als nur Fußabdrücke!

Diese Tatsache fordert allerdings ein sofortiges Eingreifen, aber nicht unser Eingreifen allein, sondern ein Eingreifen der gesamten Menschheit auf dieser Erde! Aber so weit sind wir hier auf den glücklichen Inseln der westlichen Industrienationen offenbar noch lange nicht! Als Erstes müssen wir nämlich begreifen, dass es gar keine persönliche oder nationale Ökologie gibt!

Ökologie gibt es nämlich nur für die ganze Erde oder gar nicht!

Und wir müssen begreifen, dass Insellösungen in der westlichen Welt oder gar hier in Deutschland allein und erst recht panischer Aktionismus keinerlei Nutzen für die Ökologie unserer Erde und für unsere Mitmenschen auf dieser Erde haben werden. Wenn wir also schon Angst um die Ökologie unserer Erde haben, dann sollten wir nicht versuchen, uns durch das Verbrennen unserer wirtschaftlichen Ressourcen ein gutes Gewissen zu erkaufen, sondern dann müssen wir bereit sein, dieses Geld für andere Menschen auf unserer Erde in die Hand zu nehmen!

Und wir müssen uns bewusst werden, dass wir wesentliche Mechanismen und Zusammenhänge für das Klima auf unserer Erde noch immer nicht voll verstanden haben oder sehr einseitig darstellen; zum Beispiel ist die Fokussierung auf den Einfluss von CO_2 als allein bestimmender Faktor für das Klimageschehen auf unserer Erde völliger Unsinn.

Aber wir in den hoch entwickelten westlichen Industrienationen schieben bereits Panik und versuchen unter Aufbietung aller unserer wirtschaftlichen Ressourcen, das Weltklima durch eine einseitige CO_2-Vermeidung ganz alleine zu retten.

Im Angesicht der bevölkerungsreichen Schwellenländer Indien und China ist das ein eher hilfloses Unterfangen, weil wir selbst mit einer vollständigen CO_2-Einsparung hier bei uns niemals in der Lage sein werden, den von dort zusätzlich zu erwartenden CO_2-Ausstoß aus neu gebauten Kohlekraftwerken zu kompensieren.

Und aus Sicht der Dritten Welt könnte man die prophezeite Klimakatastrophe auch als das Luxusproblem von Ländern bezeichnen, in denen es Fernsehwerbung für Hunde- und Katzenfutter gibt!

Wir haben gesehen, dass es auf unserer Erde kein konstantes Standardklima gibt und es so etwas auch in der Erdgeschichte niemals gegeben hat. Deshalb können Klimamodelle bestenfalls den differenziellen Einfluss des Menschen auf die Temperatur unserer Atmosphäre postulieren. Der absolute Temperaturverlauf unserer Erde kann aber bisher weder vorherberechnet werden, noch kann er als Beweis für die These der Klimakatastrophe herangezogen werden. Diese Situation wird sich erst dann ändern,

wenn Klimamodelle existieren, die auf Basis des Paläoklimas unser historisches Klima auch rückblickend mit allen Einflussfaktoren aus sich selbst heraus korrekt simulieren können, und zwar ohne irgendwelche manipulativen Modellanpassungen.
Auch dann werden sie zwar niemals den Wetterbericht ersetzen können, aber für eine einigermaßen korrekte Klimaabschätzung auf Jahre oder sogar Jahrzehnte in die Zukunft könnte es dann vielleicht sogar reichen.

Inzwischen fragt sich Otto Normalverbraucher allerdings immer noch, wie es denn eigentlich zu dem beschriebenen „Standby"-Desaster kommen konnte...

Haben unsere Politiker also völlig versagt? Und laufen sie in der gegenwärtigen Klimahysterie nicht stramm und aktionistisch vorweg, anstatt ruhig stehen zu bleiben und mit kühlem Kopf die richtigen Fragen zu stellen und daraus dann qualifizierte Entscheidungen abzuleiten? Sie sind doch diejenigen, die eigentlich den Überblick bewahren sollten! Und sie müssten eigentlich zuerst einmal eine umfassende gesellschaftliche Diskussion darüber herbeiführen, welches Ziel es denn global zu erreichen gilt und wie wir die dafür erforderlichen Maßnahmen finanzieren wollen!
Haben sie sich denn wenigstens von hochkarätigen Expertengremien beraten lassen? Und diese Experten waren dann nicht in der Lage, die Veröffentlichung des IPCC für Entscheidungsträger [10] kritisch zu hinterfragen und mit der globalen Entwicklung in den Schwellenländern abzugleichen?
Es fragt sich, ob die vorgesehenen Maßnahmen für eine Energiewende überhaupt zu den globalen klimapoliti-

schen Zielsetzungen passen oder ob es nicht von vorn herein festgestanden hat, mit Hilfe von Klimaängsten gesellschaftspolitische Utopien durchzusetzen. Und es fragt sich auch, wo in der Entscheidungsfindung eigentlich die Erkenntnisse der modernen Geowissenschaften über die fortlaufende erdgeschichtliche Klimaentwicklung auf unserer Erde abgeblieben sind. Schließlich erfordert eine professionelle System- und Fehleranalyse die Einbeziehung aller bekannten Einflussfaktoren für unser Weltklima in eine angestrebte Gesamtlösung! Ansonsten besteht nämlich die große Gefahr, dass man sein Geld für eine Lösung verbrennt, mit der man das angestrebte Ziel gar nicht erreichen kann!

Die Aga-Kröte lässt auch schön grüßen!

Und wir selbst? Wir treiben panisch jede Sau durchs Dorf und verlangen dafür sofortige politische Konsequenzen! Von wem?
Natürlich von den Politikern, die sich bei der nächsten Wahl dann wieder von uns in ihren Ämtern bestätigen lassen wollen! Wir verlangen also von unseren Politikern ständig die Quadratur des Kreises. Kein Wunder, wenn das jeweils kaum länger als eine Legislaturperiode gut gehen kann und die betreffende Regierung dann wiederum vom Wähler dafür abgestraft wird, weil sie dessen emotionalen Wechselbädern nicht schnell genug langfristige Entwicklungsszenarien entgegensetzen konnte.

Unsere gesellschaftliche Kernfrage ist und bleibt aber: Geht es uns nun eigentlich primär um die Abschaltung aller unserer Atomkraftwerke oder geht es primär um die Vermeidung des weltweiten CO_2-Ausstoßes?

Und diese Frage hätten wir ganz ernsthaft und in aller Ruhe klären und eine gesellschaftlich verbindliche Entscheidung darüber herbeiführen müssen! Stattdessen werden im Juni 2011, im Angesicht der Ereignisse von Fukoshima, die Eckpunkte unserer Energiewende zwischen Bundes- und Länderregierungen „ausgehandelt" (!) und dann innerhalb von zwei Wochen (!) ein entsprechendes Gesetz für den Ersatz von Atomstrom aus regenerativen Energien und der Ausbau der dafür notwendigen Stromtrassen „zusammengenagelt".

Und während der Wortlaut dieses Gesetzes in der Bevölkerung noch gar nicht bekannt ist, distanziert sich der kleinere Koalitionspartner bereits von „nicht marktwirtschaftlichen Instrumenten" und der vorgegebenen Zeitplanung [66]. Und von den eigentlichen Experten aus den natur- und wirtschaftswissenschaftlichen Fachbereichen sowie der Energietechnik ist währenddessen gar nichts mehr zu hören ...

Ach ja, die administrativen Bereiche der beteiligten Ministerien dürften bei der Formulierung der neuen Gesetze sehr wenig Zeit für einen rechtssicheren Abgleich zwischen bestehenden Rechtspositionen und den gewünschten Zielsetzungen gehabt haben! Und das lässt dann wiederum Regressforderungen der betroffenen Energieunternehmen und nachträgliche Nachbesserungen am Gesetzestext erwarten!

Klingt das nicht wie eine ideologisch-machtpolitische Glaubensabstimmung über ein wissenschaftliches Problem? Dabei hat unsere politische Führung doch lediglich die generelle Richtlinienkompetenz!
Die Fachkompetenz aber liegt bei den Wissenschaftlern der jeweiligen Fachgebiete! Und die Bundesrepublik

Deutschland bezahlt tausende von Professoren und hunderte von Forschungseinrichtungen. Wie ist denn hier eigentlich ein qualifizierter Abgleich zwischen den wissenschaftlichen Fachdisziplinen in Bezug auf unsere klimapolitischen Ziele erfolgt und wo kann man diesen Abgleich nachlesen?

Ist dieser Abgleich etwa durch die Utopien eines „Wissenschaftlichen Beirates der Bundesregierung Globale Umweltveränderungen" (WBGU) und im festen Glauben an die vom „Internationalen Forum für den Klimawandel" (IPCC) prophezeite Klimakatastrophe erfolgt?

Und wo sind eigentlich die unabhängigen Gutachten der jeweiligen Fachdisziplinen zur einstmals geplanten Laufzeitverlängerung und zu unserem überstürzten Atomausstieg mit ihren wirtschaftspolitischen Konsequenzen für unsere Wirtschaft und Gesellschaft?

Warum hat darüber keine gesellschaftliche Diskussion stattgefunden, sondern jeweils ein politischer Schnellschuss? Hat sich unsere Politik inzwischen etwa an einen vermeintlichen ökologischen Bürgerwillen angepasst und eilt ihm jetzt mit großen Schritten voran? Ist das nachstehende Beispiel etwa symptomatisch dafür, wie tief der Glaube an die prophezeite Klimakatastrophe bereits in unserer Administration verwurzelt ist und dort das Denken und Handeln beeinflusst?

Das Beispiel: Das Bundesministerium für Umwelt, Naturschutz und Reaktorsicherheit (BMU) schränkt in seinem Lehrmaterial für Schulen [67] das Spektrum der wissenschaftlichen Erkenntnisse über das Weltklima auf die letzten zwei Jahrhunderte der Industrialisierung ein. Im allerersten Kapitel werden dort zwar die Vostok-Eisbohrkerne vorgestellt, die immerhin das Klimageschehen der vergangenen 422.766 Jahre auf unserer Erde dokumentieren, einzelne Datenpunkte daraus sollen dann aber lediglich als Re-

chenbeispiel für die Rekonstruktion von einzelnen Temperaturwerten herhalten.
Und in den zugehörigen Informationen für Lehrkräfte wird dafür dann die folgende Lösung angeboten: *„Hauptursache für die extremen Temperaturschwankungen in den vergangenen 420.000 Jahren sind die Kalt- und Warmzeiten."*
Das ist zwar prinzipiell richtig, aber hier wird kein Wort über die wissenschaftlich belegten natürlichen Klimaschwankungen (Stichwort **Milanković-Zyklen** – Abb. 16 und 17) verloren. Es wird vielmehr wie zwangsläufig ein Ringschluss zu den schulisch hinlänglich bekannten Kalt- und Warmzeiten hergestellt und implizit eine Klimakonstanz innerhalb dieser Klimaabschnitte unterstellt.
Eine grundlegende Darstellung hätte dagegen auch die natürlichen Klimaschwankungen innerhalb der einzelnen Kalt- und Warmzeiten aufzeigen müssen. Schließlich wird ja von der **Protagonisten** der Klimakatastrophe gerade die Angst vor solchen geringen Erhöhungen der Durchschnittstemperatur auf unserer Erde geschürt.
Solche Schwankungen um einige Grad nach oben und unten sind aber innerhalb von Kalt- und Warmzeiten völlig natürlich. Und genau diese Erkenntnis wird hier nicht vermittelt! So kann bei einer auf den Zeitraum der Industrialisierung eingeschränkten Betrachtung am Ende dann auch nur das offenbar politisch gewünschte Ergebnis herauskommen, nämlich der feste Glaube an den alleinigen Einfluss des menschlich verursachten industriellen CO_2-Ausstoßes auf das Weltklimageschehen!
Sicherlich wird man jetzt seitens des BMU argumentieren, eine hinlänglich korrekte Darstellung unseres Paläo-Klimageschehens hätte die betreffende Zielgruppe überfordert.
Bei der Sekundarstufe, für die das zitierte Arbeitsmaterial vorgesehen ist, handelt es sich aber um Schülerinnen und Schüler zwischen 14 und 16 Jahren! Diese jungen Erwachsenen, die ja nach dem Willen einzelner Politiker bereits mit 16 Jahren das uneingeschränkte Wahlrecht erhalten sollen, werden also gezielt auf das gewünschte Ergebnis einer von Menschen verursachten Klimakatastrophe hingeführt!
Und bei den weggelassenen wissenschaftlichen Erkenntnissen handelt es sich dann ganz zufällig um diejenigen Fakten, die eine Perspektive für natürliche Klimaveränderungen über die rein **anthropogenen** Ursachen hinaus aufzeigen!

In der Klimafrage mangelt es dem Internationalen Forum für den Klimawandel (IPCC) und unserer politischen Führung inklusive ihrer wissenschaftlichen Berater also offenbar an dem festen Willen, gegenüber der betroffenen Bevölkerung die notwendige Transparenz über die wissenschaftlichen Grundlagen unserer natürlichen Klimaentwicklung herzustellen!
Stattdessen wird offenbar über unsere Köpfe hinweg ein ideologischer Klimakreuzzug geplant, den wir am Ende alle bezahlen müssen!

In verschiedenen Interviews konnte man schon lange vor der bisher letzten Energiewende im Jahre 2011 von einzelnen Politikern hören, diese beabsichtigte Energiewende sei für den Verbraucher völlig kostenneutral.

Kostenneutral? Konventioneller Strom kostet in der Erzeugung etwa 5 Cent pro Kilowattstunde, alternativ erzeugter Strom knapp das Dreifache. Was, bitte sehr, ist daran kostenneutral?

Was glauben unsere Politiker eigentlich, uns allen Ernstes verkaufen zu dürfen? Die großen gesellschaftspolitischen Probleme unseres Landes sind seit mehr als 20 Jahren hinlänglich bekannt:

o   Steuerprogression und -vereinfachung,
o   die Sanierung des Gesundheitssystems,
o   und unsere Renten- und Sozialkassen.

Hat denn die Politik wenigstens für einen dieser drei Problemkreise in den vergangenen 20 Jahren eine nachhaltige und dauerhafte Lösung im Sinne der Bürgerinnen und

Bürger unseres Landes zu Stande gebracht? Und schon gar kostenneutral?
Nein, die Steuerprogression frisst weiterhin den Inflationsausgleich der Arbeitnehmer, im Gesundheitssystem wurden die Arbeitgeber einseitig entlastet, aber die Beiträge der Versicherten steigen weiter und die Sozialkosten bringen unsere Kommunen an den Bettelstab!
Und warum ist das so?
Weil die Sichtweise der Regierten auf die jeweilige Problemstellung eine ganz andere ist, als die einer Regierung: Für die Bürgerinnen und Bürger geht es um das individuelle Preis-Leistungs-Verhältnis und für die Politik ist es ein Verteilungskampf um Milliarden von Euro, in dem eine Anzahl Politiker gleichzeitig auch noch als Lobbyisten säkulare Wirtschaftsinteressen zu bedienen hat.

Aber jetzt hat die deutsche Politik endlich einmal, und offenbar ohne irgendwelche störenden Fachexperten, das existenzielle Problem der ganzen Welt innerhalb von zwei Wochen gelöst – und das Ganze auch noch völlig kostenneutral!
Und schon kurz nach dieser Energiewende waren dann auch die ersten Politikerstimmen [68] zu hören, die eine Subvention für die Subvention fordern: Der alternativ erzeugte Strom müsse für Geringverdiener und die Industrie bezahlbar bleiben! Also eine Progression der Stromtarife für die Besserverdienenden? Und ein Energienotopfer für die Industrie – natürlich auch von den Besserverdienenden?
Die klammheimliche Befreiung energieaufwendiger Industriezweige vom Netzentgelt [69] im Herbst 2011 ging dann jedenfalls glatt und ohne jeglichen öffentlichen Aufschrei über die Bühne, natürlich zu Lasten aller übrigen

Verbraucher! Inzwischen wird sogar schon darüber nachgedacht, Investoren den Deckungsbeitrag (Grundkosten bis zur Wirtschaftlichkeit) für neu gebaute Gaskraftwerke auf Kosten der verbliebenen zahlenden Verbraucher zu garantieren! Und den wegen nicht ausreichender Netzkapazitäten weggeschalteten Strom aus erneuerbaren Energien bezahlen wir ja auch schon mit! Irgendwie hat unser Gesetzgeber bei der Formulierung des EEG (Erneuerbare-Energien-Gesetz) wohl die Leitungsfunktion unterschätzt. Um einen alternativen Stromproduzenten ans Netz zu bringen, wird nämlich eine Stromleitung benötigt. Und marktwirtschaftlich höchst unwahrscheinlich wäre es gewesen, wenn die Netzbetreiber nur auf unverbindliche Planungen von Wind- und Solarparkbetreibern hin schon einmal vorsorglich in einen Ausbau ihrer Netze investiert hätten; denn eine rein ordnungspolitische Investition bleibt allein der Planwirtschaft vorbehalten.

Was hat das sicherlich gut gemeinte, aber wenig kompetent ausgestaltete EEG eigentlich für ein energiepolitisches Chaos bei uns angerichtet, oder ist dieses Gesetz vielleicht nur die wirtschaftspolitische Umsetzung der alten klerikalen Erfahrung, dass tausend Arme mehr geben als ein Reicher?

Offenbar ist unsere Politik den finanziellen Begehrlichkeiten des Subventionslobbyismus' völlig hilflos ausgeliefert!

Schon im September 2011 berichtete der FOCUS [70.1] dann, die deutschen Stromimporte aus Tschechien seien im Zeitraum von Januar bis Juni 2011 um 673 Prozent angestiegen; diese Importe haben sich gegenüber 2010 also fast versiebenfacht! Und das, obwohl die sieben ältesten deutschen Atomkraftwerke erst Mitte März 2011 im Rahmen des 3-monatigen Atom-Moratoriums vom Netz ge-

nommen worden waren (und dann später auch nicht mehr ans Netz gegangen sind). Sind denn die tschechischen Atomkraftwerke (Stichwort: Temelin) wirklich so viel sicher als unsere abgeschalteten Altmeiler?
Und am 16.02.2012 zitierte Zeit-Online [70.2] aus einem Schreiben des Übertragungsnetzbetreibers 50Hertz, wo es heißt: *„Insbesondere im Zeitraum vom 6. bis 9. Februar wies die Systembilanz von Deutschland eine deutliche, jeweils mehrere Stunden lang anhaltende Unterdeckung auf"*. Im Klartext heißt das wohl, es ging gerade noch einmal ganz knapp an einem totalen Systemzusammenbruch vorbei!

Entschuldigung, aber irgendwie erinnert die Wirklichkeit unserer Energiewende an Filme, in denen eine Person vom Dach eines Hochhauses springen will und die Menge unten auf der Straße klatscht und johlt! ... nur, dass letztendlich jeder Einzelne aus dieser Menge als Verbraucher selber da oben steht und die Zeche am Ende zahlen wird!

Groß denken, groß handeln und groß bezahlen – nehmen wir uns da nicht vielleicht etwas zu viel vor? Kostenlose Kindergärten und eine kostenlose Schulspeisung für jedes Kind hier in Deutschland können wir uns jedenfalls nicht leisten...

Und am Ende werden wir dann vielleicht alle erkennen müssen, dass man nur im Angesicht einer nationalen, oder besser noch, einer weltweiten Katastrophe an die Ersparnisse des Volkes herankommen kann! So wird Professor C.C. von Weizsäcker mit dem ironischen Ausspruch zitiert [71], das EEG (Erneuerbare-Energien-Gesetz) sei eine *„herrliche Umverteilungsmaschine von unten nach oben"*.

Beide Ziele, nämlich Atomausstieg und CO_2-Vermeidung, nebeneinander zu verfolgen, wird für uns volkswirtschaft-

lich jedenfalls kaum ohne eine ganz einschneidende Kostenbeteiligung der Verbraucher zu machen sein! Denken wir alle vielleicht tatsächlich viel zu groß bei der Lösung unserer Probleme? Ordnen Sie doch bitte einmal die Begriffe „Atomausstieg", „Stromerzeugung aus erneuerbaren Energien" und „Bau neuer Leitungstrassen" völlig frei von Weltanschauungen ganz einfach nach der größtmöglichen wirtschaftlichen Belastung für unser Land:
Die richtige Lösung wäre dann „sofortiger Atomausstieg" durch den „sofortigen Ausbau der Stromerzeugung aus erneuerbaren Energien" bei einem „gleichzeitigen Bau von neuen Leitungstrassen"! – Ach ja, und für die aus Wind und Sonnenstrahlung unstetig erzeugte elektrische Energie benötigen wir auch noch sofort Zwischenspeicher oder Backup-Kraftwerke, die den Strompreis nochmals erhöhen! Und raten Sie mal, wer das alles am Ende bezahlen wird!
Wir wollen jetzt also gleichzeitig unsere Atomkraftwerke sofort abschalten und deren Leistung vollständig aus erneuerbaren Energien ersetzen und diese dann über neue Stromtrassen von Norden nach Süden verteilen?
Was für ein energiepolitischer Quatsch! Diese Zielsetzung widerspricht doch völlig den allerfrühesten Erkenntnissen einer einstmals aufkeimenden Ökologie: Der Transport von großen Strommengen über große Strecken bedeutet auch immer große Leitungsverluste! Und diese elektrischen Leitungsverluste müssen dann auch noch durch alternative Energien erzeugt werden! Und diese Leitungsverluste wollen wir bei einer alternativen Stromerzeugung mit einem Wirkungsgrad von etwa 10 Watt pro Quadratmeter einfach so hinnehmen?
Die einzig sinnvolle Alternative war und ist die dezentrale Erzeugung der benötigten Energie in unmittelbarer Nähe zum Verbraucher.

Man hat ja so etwas vielleicht schon einmal irgendwie gehört. Ja richtig, es gab doch da früher einmal Stadtwerke, bevor die dann von den verantwortlichen Politikern zum Zwecke der Haushaltsfinanzierung verscherbelt worden sind, nachdem sie ja bereits einmal von den örtlichen Verbrauchern bezahlt worden waren.

Eine kleine Anmerkung am Rande: Das war doch damals ein toller Trick, man hat sich die Stadtwerke einfach zweimal bezahlen lassen – und jetzt sind wir als Verbraucher gerade dabei, unsere Stadtwerke ein drittes Mal zu finanzieren!

Weil aber der Zeitraum für den menschlichen CO_2-Eintrag in unsere Atmosphäre bereits etwa 200 Jahre beträgt und die befürchteten Schreckensszenarien inzwischen bereits in 50 Jahren greifen sollen [55.3], glauben wir, jetzt ganz schnell und überstürzt handeln zu müssen. Müssen wir das wirklich?

Wir sollten uns stattdessen einmal die wirtschaftliche Kompetenz von Otto Normalverbraucher zu Nutze machen: Machen wir einmal einen Kassensturz und schauen wir nach, wohin wir wollen und was wir schon haben! Schauen wir uns dafür bitte alle Zahlen und Fakten genau an, die im Klimageschehen unserer Erde eine Rolle spielen, um nicht vordergründigen Schnellschüssen zu erliegen! Und nehmen wir uns dann, bitte sehr, die Zeit für eine wirklich qualifizierte Planung!

Also, wir wollen offenbar:

- Einen Ausstieg aus der Atomindustrie.
- Eine Verringerung des CO_2-Ausstoßes durch die Nutzung von erneuerbaren Energien aus Wind und Sonnenlicht.

Und was haben wir?

- ○ Wir haben ein völlig ausreichendes Leitungsnetz für die Versorgung von Industrie und Bevölkerung mit elektrischer Energie.
- ○ Wir haben dafür auch mehr als ausreichende Kraftwerkskapazitäten, im Wesentlichen aus Atomenergie und Kohle.

Wenn wir uns also die für einen qualifizierten Umstieg notwendige Zeit lassen würden, dann könnten wir ganz ruhig und ohne Hektik unsere Stadtwerke vor Ort Stück für Stück wieder aufbauen, und zwar auf der Basis erneuerbarer Energien, also zum Beispiel mit dezentralen Bio-Kraftwerken auf Basis regional nachwachsender Rohstoffe. Im Norden könnte die standortnahe Erzeugung erneuerbarer Energien zusätzlich noch durch die Einbeziehung der Windenergie unterstützt werden und im Süden vielleicht sogar durch Solarkollektoren. Und wir könnten während dieser Entwicklung nach und nach ein Großkraftwerk nach dem anderen vom Netz nehmen.

Erstes Ziel wäre dann nämlich ein Stromnetz, in dem die Grundlasten (AKW und Kohle) verbrauchernah ersetzt würden, die Spitzenlasten (Gas) regional abgefangen würden und keine separaten Megazentren für die alternative Stromerzeugung aufgebaut werden. Dann könnte das bestehende Gesamtnetz für den Aufbau einer verbrauchernahen Stromzeugung aus erneuerbaren Energien vielleicht bereits ausreichen. Ein solches Vorhaben wäre allerdings nicht sofort umsetzbar und wir müssten dabei wohl auch hinnehmen, dass die besten unserer konventionellen Kraftwerke noch ein halbes Jahrhundert laufen würden, und zwar inklusive einiger der vorhandenen Atomkraftwerke.

Wenn also die geplanten Maßnahmen zur Energiewende nicht alle sofort und gleichzeitig umgesetzt werden müssten, dann hätten wir hier schon einmal kräftig Investitionsmittel eingespart und könnten uns auf das wirkliche Problem von Mutter Erde konzentrieren, denn das ist ja nicht der industrielle CO_2-Ausstoß, sondern die immer schneller steigende Weltbevölkerung!
Die Versorgung aller Menschen mit Nahrung, Energie und Medizin dürfte die wirkliche Herausforderung unserer Weltgemeinschaft darstellen. Und dieser Herausforderung dürfen wir uns nicht entziehen, indem wir unsere wirtschaftlichen Potentiale in einer Art von egoistischem CO_2-Ablasshandel verbrennen!
Es ist daher wissenschaftlich auch völlig unverständlich, warum sich die moderne Klimaforschung auf einen exklusiven CO_2-Regelkreis für unser Klima reduzieren lässt. Natürliche Klimaschwankungen (z.B. [33] und [40]) und abweichende Einflussfaktoren für unsere Klimaentwicklung (z.B. [13] und [34]) finden wissenschaftlich wenig Beachtung und werden dann mit eben dieser Begründung vom Klima-Mainstream marginalisiert oder gar öffentlich abgewertet. Die Alarmisten begründen folglich ihre Ablehnung alternativer Einflussgrößen mit ihrer eigenen Ignoranz, was ihrem Alleinvertretungsanspruch gegenüber der Öffentlichkeit eine eher totalitäre Anmutung gibt.

Aber nehmen wir trotzdem einmal an, es handele sich bei der vorhergesagten CO_2-Klimakatastrophe nicht um eine Weltklimaverschwörung (Klimagate [72]), mit der die Bewohner der westlichen Industrienationen durch die Umsetzung vordergründiger Klimaziele einfach nur zur Kasse gebeten werden sollen. Und nehmen wir einmal an, die Durchschnittstemperatur auf unserer Erde würde zum Ende dieses Jahrhunderts tatsächlich um 1 bis 2 Grad ansteigen.

Was für ein Problem hätten wir damit eigentlich?

Die mittelalterliche Warmzeit (zwischen dem 8. und 11. Jahrhundert) war für die damalige bäuerliche Gesellschaft in Mitteleuropa eine Zeit der wirtschaftlichen Blüte. Damals etablierten sich in Europa politisch stabile staatliche Strukturen, erste romanische Sakralbauten entstanden und die Entwicklung der Wissenschaften nahm ihren Anfang. Die dafür erforderliche Wertschöpfung über die Grundbedürfnisse einer bäuerlichen Bevölkerung hinaus dürfte allein den positiven klimatischen Verhältnissen zuzurechnen sein.
Und davor haben wir tatsächlich Angst?

Wir kommen klimatisch gerade aus der „kleinen Eiszeit" (von Anfang des 15. bis in das 19. Jahrhundert hinein) und jetzt wird uns von den **Protagonisten** der Klimakatastrophe ein Temperaturanstieg um die 2 Grad bis zum Jahre 2100 vorhergesagt.
Und davor haben wir ernsthaft Angst? Oder haben wir doch nur ein schlechtes Gewissen? Wir wissen, dass sich die Masse der Weltbevölkerung unseren Lebensstandard niemals wird leisten können und wir haben gesehen, dass die Versorgung der gesamten Weltbevölkerung mit erneuerbarer Energie eine Illusion bleiben muss. Was wäre also, wenn unsere Klimahysterie hier auf den glücklichen Inseln der westlichen Industrienationen tatsächlich nur auf unse-

rem schlechten Gewissens gegenüber der Mehrheit einer weitaus ärmeren Weltbevölkerung beruhen würde? Könnte es tatsächlich sein, dass die CO_2-Vermeidung unser Ablasshandel ist, um später den Armen dieser Welt sagen zu können:

„Schaut mal her, wir verbrauchen ja selber auch nix?"

Was läuft eigentlich bei uns in der gegenwärtigen Klimadiskussion ab? Haben wir die Not leidende Mehrheit der Weltbevölkerung vielleicht schon längst abgeschrieben? Kann es wirklich sein, dass wir mit diesem ganzen Klimakreuzzug tatsächlich nur unser schlechtes Gewissen beruhigen wollen? Nein, das kann doch nicht sein!
Wir müssen vielmehr unsere wirtschaftlichen Potentiale in unserer moralischen Verantwortung als der „besser verdienende" Teil der Weltbevölkerung zum Nutzen aller Menschen auf dieser Erde klug und zielgerichtet einsetzen, diese Ziele also wirklich ernsthaft und nachhaltig im Interesse aller Menschen auf dieser Erde verfolgen!

Lomborg stellt fest [1], dass die vollständige Umsetzung des Kyoto-Protokolls etwa 180 Milliarden US-Dollar pro Jahr kosten wird. Der Nutzen für jeden eingesetzten US-Dollar wird aber nur bei etwa 34 US-Cent liegen. Er befürwortet dagegen eine weltweite CO_2-Steuer, die mit 2 US-Dollar pro Tonne beginnt und bis zum Ende dieses Jahrhunderts fortlaufend auf 27 US-Dollar pro Tonne angehoben werden könnte. Eine solche CO_2-Steuer sollte der Entwicklung der Dritten Welt zugutekommen und würde einen Nutzen von 2 US-Dollar pro eingesetzten US-Dollar erbringen. Wenn wir für beide Ansätze (Kyoto-Protokoll und Lomborgs CO_2-Steuer) von einem vergleichbaren öko-

logischen Gesamtnutzen ausgehen, dann würde diese CO_2-Steuer auf eine jährliche Kostenbelastung von etwa 30 Milliarden US Dollar, und damit auf etwa 17% der Kyoto-Kosten hinauslaufen.
Ein solches Konzept wird auch durch das „Zeppelin-Manifest" von Stehr und von Storch **[73]** unterstützt, in dem die Forderung aufgestellt wird, anstelle von einseitiger CO_2-Vermeidung eine globale Klimavorsorge zu betreiben, um den regionalen Folgen einer Klimaveränderung rechtzeitig entgegenzuwirken.

Unterdessen steht der Mainstream der modernen Klimaforschung in einem permanenten Abwehrkampf gegen die natürlichen Schwankungen unseres Klimas und neue Erkenntnisse der unabhängigen Klimaforschung. In seinem Namen wird ein Ende der Klimadiskussion gefordert und es drängt sich die Frage auf, welchem Zweck dieser in der neueren Wissenschaftsgeschichte einmalige Vorgang eigentlich dient.
Will der Mainstream der Klimaforschung etwa sein erstarrtes Weltbild gewaltsam aufrechterhalten, nur um weiterhin die Botschaft von einer anthropogenen Klimagefahr und der Erlösung unserer Welt durch einen CO_2-Ablasshandel verkünden zu können?
Die Klimaforschung sollte sich schleunigst aus der Gesellschaftspolitik zurückziehen und sich wieder dem wissenschaftlichen Erkenntnisgewinn widmen!

Es dürfte jedenfalls ausgesprochen spannend sein, wie die gegenwärtige Allianz von Politik und klimawissenschaftlichem Mainstream im Rückblick der Geschichte einmal bewertet werden wird!

Perspektive

Halten wir noch einmal fest: Wir verbrauchen fossile Kohlenwasserstoffe, die in erdgeschichtlichen Zeiten aus der Aufspaltung von CO_2 in eben diese Kohlenwasserstoffe und den Sauerstoff unserer Atmosphäre entstanden sind. Dadurch soll nun eine globale Klimakatastrophe ausgelöst werden. Diese Klimakatastrophe soll im Wesentlichen durch den zukünftigen Anstieg der anthropogenen CO_2-Emissionen verursacht werden; sie ist also eine Projektion von Klimamodellen, die das zukünftige Wachstum dieses **anthropogenen** CO_2-Eintrages hochrechnen. Der jährliche CO_2-Eintrag des Menschen entspricht dabei aktuell aber lediglich etwa 5 Prozent des gesamten natürlichen CO_2-Kreislaufes.

Aus dem bisherigen anthropogenen CO_2-Eintrag sind bereits städtische Wärmeinseln dokumentiert und es ist nicht auszuschließen, dass wir durch unseren technischen CO_2-Ausstoß tatsächlich einen Beitrag zum Klimageschehen auf unserer Erde liefern. Allerdings würde uns der anthropogene CO_2-Eintrag bis zum Ende dieses Jahrhunderts im schlimmsten Fall auf den klimatischen Stand der mittelalterlichen Warmzeit bringen.

Aber solange wir den anthropogenen Anteil am Klimageschehen auf unserer Erde rechnerisch nicht von der natürlichen Entwicklung zu trennen vermögen, können wir eigentlich gar keine verlässlichen Aussagen über eben diesen anthropogenen Klimaeinfluss treffen! Insbesondere müssten nach dem **Abtast-Theorem** unsere Zeitreihen für die Hochrechnung des Weltklimas auch die **Periodizität** aller **Milanković-Zyklen** einschließen, was bisher offenbar gar nicht der Fall ist. Wir sollten uns jedenfalls bewusst machen, dass wir auch bei Vermeidung jeglichen technischen CO_2-Ausstoßes die natürlichen Schwankungen unseres Klimas niemals werden verhindern können!

Und trotzdem kann und darf es keine Entwarnung geben! Denn das Bevölkerungswachstum auf unserer Erde ist das eigentliche Problem unseres Planeten. Alle Menschen auf dieser Erde haben ein Recht auf Leben, das heißt auf ausreichend Energie, Wasser, Nahrung und Gesundheitsvorsorge und alle diese Funktionen stellen eine Hockeyschlägerkurve dar.
Auf dieses Problem müssen wir uns konzentrieren und dieses Problem gilt es, gemeinsam zu lösen!

Eine gut gemeinte Panikmache zu einer reinen CO_2-Vermeidung in den Industrienationen, die uns sinnlose nationale Zielsetzungen zu überhöhten volkswirtschaftlichen Kosten anstreben lässt, ist genau die falsche Lösung! Wir hier in den westlichen Industrienationen werden die dafür erforderlichen Kosten vielleicht sogar aufbringen können, aber daraus wird sich keinerlei Nutzen für die Entwicklung der Dritten Welt ergeben. Dort wird irgendwann eine eigene wirtschaftliche Entwicklung stattfinden, so wie jetzt die Entwicklung der Schwellenländer alle unsere Anstrengungen, den globalen CO_2-Ausstoß zu minimieren, konterkarieren wird. Also müssten wir gleichzeitig mit unseren Maßnahmen zur CO_2-Vermeidung verlangen, dass Schwellenländer und Dritte Welt auf eine eigene wirtschaftliche Entwicklung verzichten!

Können wir das erwarten? - Nein!

Ein klimapolitischer Ablasshandel in den westlichen Industrienationen schädigt die Dritte Welt, indem wir, zum Beispiel durch die Nutzung von „umweltfreundlichen" Kraftstoffen, Stichwort „E10", den Druck auf die dortigen Nahrungsmittelpreise noch weiter erhöhen, anstatt dort eine gesunde wirtschaftliche Infrastruktur zu schaffen. Es steht zu vermuten, dass wir mit unseren Maßnahmen zur Energiewende schon jetzt die Hungersnöte in der Dritten Welt mit verursachen, zumal aktuelle Nachrichten (2011) bereits von einer Verdreifachung der Nahrungsmittepreise in Ostafrika sprechen.

Die Ärmsten der Armen werden also noch ärmer, während wir selbst uns zusätzliche Kosten aufbürden, ohne wirklich eine Entspannung der befürchteten Klimasituation herbeiführen zu können. Unser Handeln erscheint wie eine Kurzschlussreaktion mit einer weltanschaulich-religiösen Erlösungskomponente, wohl nur von dem Bewusstsein getragen, dass wir uns einen solchen wirkungslosen CO_2-Ablasshandel mit der ökonomischen Kompetenz eines „Hans im Glück" eben leisten können!

Wir müssen uns jedenfalls schnellstmöglich klar machen, dass wir, global gesehen, mit unseren Investitionen in eine reine CO_2-Vermeidung keine nachhaltigen ökologischen Ergebnisse erzielen werden, damit aber gleichzeitig großen ökonomischen Schaden in der Dritten Welt anrichten; wir vernichten also unser Geld zu Lasten der Dritten Welt!

Im Interesse der gesamten Weltbevölkerung sollte dieses Geld daher besser in die strukturelle Entwicklung der Dritten Welt und eine ökologische Entwicklung in den Schwellenländern investiert werden!

Denn die Staaten der Dritten Welt sind schon jetzt mit den Auswirkungen natürlicher Klimaschwankungen überfordert und die Schwellenländer werden ihre wirtschaftliche Entwicklung mit schmutzigen Kohlekraftwerken fortsetzen; und eines Tages wird auch die Dritte Welt diesem Weg folgen.

Und wir können diese Entwicklung nicht verhindern, es sei denn wir führen Krieg gegen Schwellenländer und Dritte Welt oder wir bezahlen dort parallel zu unseren eigenen Anstrengungen zu einer vollständigen CO_2-Vermeidung auch noch für eine umwelttechnisch saubere Energieversorgung.

Können wir das leisten? - Nein!

Welche Möglichkeiten stehen uns denn überhaupt zur Verfügung?

Der augenblickliche Alleingang einzelner Industrienationen ist ein moralischer CO_2-Ablasshandel ohne wirkliche Konsequenzen für das weltweite Klima und die Entwicklung in der Dritten Welt.

Die Abkehr von der Energieerzeugung durch Kernkraft ist eine weitgehend emotionale Entscheidung vor dem Hintergrund menschlicher Fehlleistungen, die wohl eher durch wirtschaftliche Zwänge begründet waren. Unsere Abkehr von der Kernkraft wurde vor dem Hintergrund entschieden, dass wir offenbar glauben, uns eine solche Entscheidung auf nationaler Basis leisten zu können, obwohl sie mit erheblichen zusätzlichen Kosten für die Verbraucher verbunden ist.

Die Max-Planck-Gesellschaft hatte bereits 1980 den IIASA-Bericht zur Welt-Energieperspektive vorgelegt [74]. Dieser Bericht lotet in wissenschaftlich-emotionsfreier Form die

Potentiale für eine nachhaltige globale Energieversorgung aus. Dort wird zum Beispiel auch ein Szenario vorgestellt, in dem die Grundlast der weltweiten Energieversorgung durch Atomkraftwerke und Solarenergie abgedeckt wird. Die „flüssigen" fossilen Energien für den mobilen Einsatz, Öl und Gas, könnten danach später durch Kohleverflüssigung ersetzt werden.

Da dieser IIASA-Bericht nunmehr älter als 30 Jahre ist, stellt sich dem interessierten Betrachter allerdings die Frage, wie aus einer solchen globalen wissenschaftlichen Betrachtung am Ende hier bei uns nur ein wirkungsloser nationaler CO_2-Ablasshandel herauskommen konnte.

Vielleicht, weil Katastrophenszenarien zu Gelddruckmaschinen für die moderne Forschung geworden sind?

Anmerkung: Jüngstes Beispiel in einer endlosen Reihe ist ein ganz neues Katastrophenszenario, nämlich eine Schädigung der Lüneburger Heide durch einen *„erhöhten Stickstoff-Anteil in der Luft"* [75]. Vielleicht ist dort ja völlig unbekannt, dass unsere Atmosphäre bereits zu 78 Volumenprozent aus Stickstoff besteht. Und ganz nebenbei setzt man den negativsten IPCC-Hochrechnungen für den Temperaturanstieg bis zur Mitte dieses Jahrhunderts dann gleich noch ein zusätzliches halbes Grad Celsius obendrauf!
Offenbar befindet sich die Wissenschaft im Ausverkauf: Um in einer Inflation von Katastrophenmeldungen überhaupt noch Gehör in der Öffentlichkeit zu finden, sind immer schlimmere Bedrohungsszenarien erforderlich.

Anders als die reißerischen CO_2-Appokalypsen des letzten Jahrzehnts lotet das IIASA-Szenario [74] die global verfügbaren Energiepotentiale angstfrei aus und bezieht eine wirtschaftliche Entwicklung der Dritten Welt ausdrücklich mit in seine Perspektiven ein.

Anmerkungen: Es ist übrigens ganz erstaunlich, dass die aktuell gepredigten Klimaszenarien von vergleichbaren Ergebnissen ausgehen, wie sie bereits im Jahre 1988 in einem sehr analytischen Bericht an den Club of Rome [76] aufgelistet worden sind.
Die Berichte des Club of Rome werden inzwischen als Berichte „an den Club of Rome" bezeichnet, weil sie aktuelle Szenarien und ihre Perspektiven für die Zukunft aus rein wissenschaftlicher Sicht darstellen. Der Club of Rome hat ausdrücklich niemals versucht, abgestimmte Konsequenzen und Perspektiven aus solchen Szenarien zu entwickeln, weil ein solcher Konsens selbst in diesem Gremium unmöglich erscheint.
Daran sollten sich der Wissenschaftliche Beirat der Bundesregierung Globale Umweltveränderungen (WBGU) und das Internationale Forum für den Klimawandel (IPCC) ein Beispiel nehmen!

Lange Zeit war die Sinnfälligkeit von Hochrechnung aus Computermodellen für das zukünftige Klima unserer Erde wissenschaftlich höchst umstritten, und jetzt scheint in der Klimadiskussion plötzlich ein internationaler Konsens für eine derart hochgerechnete Klimakatastrophe zu existieren! Antiwissenschaftliche Zitate aus den Reihen der **Protagonisten** einer Klimakatastrophe, wie zum Beispiel die Forderung nach einem Ende der Klimadiskussion, weisen dabei aber eher auf eine stark religiös geprägte Welterlösungsbotschaft hin, als auf ein analytisch abgesichertes wissenschaftliches Ergebnis.

Die aktuellen Berichte des IPCC tendieren inzwischen zu Erklärungen, warum denn die alten Hochrechnungen zur Klimaentwicklung auf unserer Erde so noch gar nicht eingetreten sind, ohne dass die Algorithmen für diese Hochrechnungen jemals auf weitere Einflussfaktoren ([13], [33], [34], [40]) hin erweitert worden wären.
Offenbar erschöpft sich der Fortschritt in der vorausschauenden Klimaforschung auf die Entwicklungszyklen ihrer Hochleistungscomputer, die immer feinere Rechenzellen immer schneller und weiter in die Zukunft hochrechnen können.

Auch der Rückgriff der Klimaforschung auf das mehr als 35 Jahre alte 2-Grad-Klima-Ziel von William D. Nordhaus [54] dokumentiert am Ende eher einen erkenntnismäßigen Stillstand.

Als Reaktion auf diese vorgebliche Klimakatastrophe jetzt alternativen Strom in Mega-Wind- und -Solarparks zu erzeugen und alle unsere Atomkraftwerke kurzfristig vom Netz zu nehmen, bedeutet keine wirkliche Abkehr von der industriellen Stromerzeugung. Außerdem wird durch ein solches Vorgehen der notwendige Investitionsbedarf hier bei uns maximiert. Die gleichzeitige Abkehr von Atomkraft und Kohle auf rein nationaler Ebene hier bei uns übers Knie zu brechen, macht für die Ökologie und Ökonomie unserer Erde also keinen Sinn. Aus globaler Sicht müssten wir sogar zwingend unsere sauberen Kohlekraftwerke und die relativ sicheren Atomkraftwerke weiter betreiben. Denn schließlich waren wir doch einmal angetreten, um diese Welt zu retten!

Wie aber zuletzt Fukoshima gezeigt hat, können Atomkraftwerke unter marktwirtschaftlichen Bedingungen offenbar nicht dauerhaft sicher betrieben werden. Eine globale, von den Vereinten Nationen getragene Atombehörde mit einheitlichen weltweiten Standards müsste demnach den Betrieb der vorhandenen und neu zu errichtenden Atomkraftwerke übernehmen und auch die weltweite Endlagerung sichern.

Das Modell von Brandenburg und Paxson für eine verstärkte Förderung der Forschung in der Fusionstechnik [28] könnte mittel- bis langfristig zusätzlich dazu beitragen, die Lücke zwischen dem Weltenergiebedarf und der Erzeugung von alternativen Energien zu schließen.

Nur so könnten wir uns die notwendige Zeit für den Aufbau einer nachhaltigen Energieversorgung für die ganze Weltbevölkerung verschaffen. Für uns in den entwickelten Industrienationen wäre eine CO_2-Steuer von 2 US$ pro Tonne zugunsten der Entwicklung der Dritten Welt ein deutlich geringerer finanzieller Aufwand, als eine voll-

ständige Umsetzung des Kyoto-Protokolls [1]. Und für die Dritte Welt wäre ein durch diese CO_2-Steuer gestütztes Investitionsprogramm für den Ausbau einer funktionierenden Infrastruktur eine echte Perspektive, der Armut und dem Elend zu entgehen.
Wenn wir aber wirklich eine globale Lösung für eine nachhaltige Energieversorgung anstreben, dann müssen wir uns auch auf gewaltige gesellschaftliche und politische Veränderungen gefasst machen.
Wir müssten zum Beispiel von der industriellen Globalisierung Abschied nehmen, um die Transportwege für Nahrungsmittel und Verbrauchsgüter vom Erzeuger zum Verbraucher zu minimieren, deren Verbrauch fossiler Energieträger ja auch einer „Hockeyschlägerkurve" entspricht. Es müsste also zusätzlich zu einem nachhaltigen Energiekonzept auch ein nachhaltiges dezentrales Versorgungskonzept für die gesamte Weltbevölkerung entwickelt werden.

Und was wird eigentlich mit unserer demokratischen Grundordnung geschehen, wenn alle individuellen und nationalen Entscheidungen von den energiepolitischen Entscheidungen einer Weltgemeinschaft präjudiziert werden sollten?
Keine der großen Weltreligionen oder politischen Weltanschauungen hat es jemals vermocht, den Menschen als Ganzes in ein gesellschaftspolitisches Modell zu integrieren. Immer ist ein idealisierter Mensch Grundlage eines solchen Systems gewesen. Die negativen menschlichen Eigenschaften, Neid, Habgier, Egoismus, Machthunger, wurden systemisch abgespalten und einem Erbfeind zugeschrieben. Gleichgültig, ob man ihn dann als Antichrist oder Konterrevolutionär bezeichnet hat, geendet hat eine

solche Idealisierung des Menschen üblicherweise in einem Gulag, einer Inquisition oder noch Schlimmerem.

Unsere demokratische Marktwirtschaft ist eines der wenigen, wenn nicht gar das einzige politische System, das dem Menschen ausdrücklich die Freiheit zu Habgier und Egoismus zugesteht. Denn die Wertschöpfung in unserer westlichen Demokratie stützt sich ausdrücklich auf die Initiative und das Gewinnstreben des Einzelnen. Dabei müssen Auswüchse wie die Internetblase Anfang 2000 und der Bankencrash 2008 wohl als systemimmanent hingenommen werden. Denn dem Versuch, Habgier und Egoismus in einer demokratischen Marktwirtschaft zu kontrollieren, sind offenbar sehr enge Grenzen gesetzt. Wie wirksam letztendlich internationale Bemühungen zur Einschränkung von Spekulationen gegen das Allgemeinwohl sind, können wir heute (2011) deutlich erkennen. Die Spekulationen um einen wirtschaftlichen Zusammenbruch der schwachen Länder in der Eurozone dürften diese nationalen Krisen nämlich noch erheblich verschärft haben.
Und trotzdem funktioniert dieses System; denn es hat uns hier in den westlichen Industrienationen mehr als ein halbes Jahrhundert Frieden und wirtschaftliches Wachstum beschert.

Und so, wie sich aus Volksstämmen in geschichtlicher Zeit Staaten entwickelt haben, so wird jede gemeinsame globale Zielsetzung auch ein weiteres globales Zusammenwachsen und eine globale Administration erfordern. Historisch gesehen sind aber gesellschaftliche Veränderungen zu größeren politischen Einheiten bereits in viel kleinerem Maßstab niemals konfliktfrei abgelaufen. Eine weltumspannende Entwicklung zu einer nachhaltigen globalen

Energiewirtschaft dürfte daher nicht ohne größere Konflikte ablaufen, die bis hin zu weltweiten kriegerischen Auseinandersetzungen reichen könnten. Dabei ist die Ausgangsbasis für eine gemeinsame Zielsetzung der gesamten Weltbevölkerung denkbar schlecht: Wir in den westlich geprägten Industrienationen haben offenbar ein Luxusproblem und sind bereit, erhebliche wirtschaftliche Mittel für eine wenig nachhaltige Energiewende auszugeben. Die Schwellenländer streben nach einem vergleichbaren Lebensstandard und können ihn ohne den massiven Einsatz fossiler Brennstoffe nicht erreichen. Und die Dritte Welt kämpft ums nackte Überleben ...
Allein eine Begrenzung der Weltbevölkerung durch die wirtschaftliche Entwicklung der Dritten Welt könnte überhaupt erst eine gemeinsame Basis für eine weltweite ökologische Entwicklung in der Energieerzeugung und damit für einen globalen CO_2-Ausstieg schaffen. An dieser Stelle sei noch einmal das Buch von Ganteför [14] zitiert, in dem nachgewiesen wird, dass nur die wirtschaftliche Entwicklung derjenigen Staaten, in denen die Menschen unter der Armutsgrenze leben, das globale Bevölkerungswachstum nachhaltig begrenzen kann.

Wir müssen uns aber auch bewusst machen, dass unsere individuellen Freiheiten im Falle einer globalen energiepolitischen Zielsetzung erheblich eingeschränkt werden könnten. Die Orientierung aller persönlichen und nationalen Entscheidungen an globalen ökologischen Zielen könnte bei entsprechendem Dogmatismus zu einem erheblichen Konfliktpotential führen. Und deshalb sollten wir in Zukunft ganz scharf aufpassen, ob eine demokratische Mehrheit in den westlichen Industrienationen nicht aus falsch verstandenem Klima-Gutmenschentum irgendwann

einmal bereit sein sollte, die demokratischen Rechte des Einzelnen dem höheren 2-Grad-Klimaziel und einer Welt-Notstands-Regierung unterzuordnen. Schon heute kann man aus den Reihen der Klima-Alarmisten hören, unsere westlichen Demokratien seien gar nicht in der Lage, die prophezeite Klimakatastrophe noch verhindern zu können. Am Ende einer gesellschaftspolitischen Entwicklung zur Rettung unseres Weltklimas steht dann vielleicht wieder ein neuer –ISMUS, der einmal mehr versuchen könnte, eine bessere Welt gewaltsam gegen den Menschen durchzusetzen; und bei jedem historischen –ISMUS war die individuelle Freiheit immer das erste Opfer!
Können wir also wirklich ernsthaft darauf gespannt sein, wohin uns ein weltweiter Klima-Scientismus am Ende führen wird?
Der tschechische Staatspräsident Vaclav Klaus wird mit dem Ausspruch zitiert [77]: *„Die Problematik der globalen Erwärmung ist nämlich mehr eine Angelegenheit der Gesellschaftswissenschaften als eine der Naturwissenschaften. Es geht mehr um den Menschen und um seine Freiheit, als um die Veränderung der Durchschnittstemperatur um ein paar Zehntelgrad Celsius."*
Haben nicht zu allen Zeiten verblendete Gutmenschen versucht, eine vorgeblich bessere Welt zu erzwingen? Fokussiert diese Klimakatastrophe nicht tatsächlich auf latent vorhandene menschliche Urängste, aus denen heraus in längst vergangenen Zeiten unsere Mythen und Religionen entstanden sind? Und muss die vermeintliche Klimakatastrophe jetzt nicht für alle statischen menschlichen Ängste vor einer veränderlichen Umwelt herhalten?
Wir sollten uns jedenfalls ganz klar darüber sein, worauf wir uns wirklich einlassen, wenn wir ernsthaft unserer Weltklima zu retten versuchen!

Wir hier in Deutschland wollen also jetzt mit aller Kraft unseren CO_2-Ausstoß minimieren. Aber auch dann, wenn wir alle denkbaren wirtschaftlichen Lasten für einen nationalen Umstieg auf alternative Energien auf uns nehmen, wird unser Beitrag für die Entwicklung des Weltklimas wenig nachhaltig sein. Denn wir können selbst mit einer vollständigen CO_2-Vermeidung den befürchteten globalen Temperaturanstieg lediglich um ein knappes Jahr verzögern.

Anmerkung: Das müsste eigentlich auch unsere Regierung wissen. Zitat BMWi [78]: *Mit einer „Zimmertür" lässt sich kein Tsunami aufhalten.*
Aber trotzdem bleiben alle stramm auf dem einmal eingeschlagenen Weg zu einer Energiewende...

Es steht aber andererseits zu vermuten, dass bei einer vollständigen CO_2-Vermeidung der Anstieg der Arbeitslosigkeit durch eine Abwanderung von Arbeitsplätzen höchst nachhaltig sein wird. Und es steht außerdem zu vermuten, dass die Unterschiede zwischen Arm und Reich sich weiter vergrößern werden und die Mittelschicht, der Motor unserer sozialen Marktwirtschaft, nachhaltig einbricht. Am Ende können wir dann ja einmal versuchen, von globalisierten Konzernen einen Beitrag zu unserem Harz4-Aufkommen zu erheben...

Wenn die beabsichtigte Energiewende tatsächlich eine solche amateurhafte Stümperei sein sollte, wie sie sich bei der Umsetzung des **EEG** gerade darstellt, dann kommen wir wohl nicht umhin, mit Rietzschel über unsere Meinungsführer sagen zu müssen: *„Als Dilettanten bewahrt sie das Unwissen vor der Furcht des Versagens"* **[79]**.

In Diskussionen muss man sich heute ständig anhören, es sei doch trotzdem besser, überhaupt etwas gegen die Klimakatastrophe zu unternehmen und irgendwer müsse ja schließlich damit anfangen. Aber müssen wir hier in

Deutschland wirklich der gesamten Weltgemeinschaft in einer ökologisch und ökonomisch sinnlosen Kamikaze-Aktion vorangehen?
Viele Vorgänge in unserem Klimageschehen sind wissenschaftlich noch gar nicht mit hinreichender Sicherheit erforscht. Alle Klimamodelle unterliegen groben Vereinfachungen und die Zuverlässigkeit ihrer Ergebnisse können wir gar nicht einschätzen. Wir können also auch nicht allein das CO_2 für das Klimageschehen auf unserer Erde verantwortlich machen – aber wir können es eben auch nicht ausschließen.
Dazu eine Reportage von RSH (Radio Schleswig-Holstein), gesendet am 23. Dezember 2011: Auf einem Weihnachtsmarkt wurden Besucher gefragt, ob sie denn beweisen könnten, dass es den Weihnachtsmann gar nicht gibt. Natürlich konnte keiner der Befragten diesen Beweis erbringen. Aber ist das wirklich ein Beweis für die Existenz des Weihnachtsmannes?

Aus geowissenschaftlicher Sicht wäre die Zielsetzung zur Rettung unserer Welt und des Weltklimas denn auch völlig überzogen, weil wir diese Welt um ihrer selbst willen gar nicht zu retten brauchen! Mutter Erde hat schlimmere als die prophezeite Katastrophe überlebt, und sie wird auch den Menschen überleben.
Unser wirkliches Problem ist ja auch nicht der industrielle CO_2-Ausstoß, sondern die immer schneller wachsende Weltbevölkerung! Wenn wir also schon etwas zu retten haben, dann wäre das ganz allein unser eigener Lebensraum auf dieser Erde.
Aber wir müssen uns bei allem menschlichen Konservativismus auch immer wieder bewusst machen, dass unser eigener Lebensraum hier auf der Erde natürlichen Schwan-

kungen unterliegt und auch in Zukunft unterliegen wird. Solche Schwankungen können wir aus unserer persönlichen Erfahrung heraus aber gar nicht abbilden. Auch wenn wir persönlich niemals eine Eiszeit erlebt haben, steuert das Klima unserer Erde aus geologischer Sicht gerade wieder auf eine solche Eiszeit zu; und das können wir weder verhindern noch beeinflussen.

Und es ist eigentlich auch völlig gleichgültig, ob der Temperaturanstieg für die befürchtete Klimakatastrophe nun natürlich oder anthropogen verursacht wird. Vor dem Hintergrund des historischen Klimageschehens scheint es nämlich keinerlei Grund zu geben, eine Klimaerwärmung um 1 bis 2 Grad bis zum Ende dieses Jahrhunderts sofort und mit allen wirtschaftlichen Mitteln bekämpfen zu müssen.

Warmzeiten waren in einer historischen bäuerlichen Gesellschaft immer auch wirtschaftliche Blütezeiten.

Erst mit der Industrialisierung und der damit verbundenen Entfremdung von unseren elementaren bäuerlichen Überlebensgrundlagen scheint uns diese Erkenntnis schließlich verloren gegangen zu sein. Ein CO_2-Ablasshandel in den westlichen Industrienationen wird uns jedenfalls niemals die erhoffte Klimakonstanz einbringen und auch niemals die Lebensbedingungen für die Gesamtheit der Weltbevölkerung grundlegend verbessern!

Funktionierende regionale Infrastrukturen und dezentrale Versorgungskreisläufe für die gesamte Weltbevölkerung könnten dagegen den Ressourcenverbrauch der Menschheit minimieren und zu vergleichbaren Lebensbedingungen auf der gesamten Erde beitragen.

Anhang - Eine kritische Betrachtung der Faktenlage zur befürchteten Klimakatastrophe

Aus Gründen des Urheberrechtes muss hier leider auf eine direkte Gegenüberstellung der originalen graphischen Darstellungen verzichtet werden. Die jeweiligen Abbildungen sind jedoch im Internet abrufbar unter:

[A] Organisation:
http://www.ipcc.ch/organization/organization.shtml
Letzter Zugriff am 7. Oktober 2011

[B] Klimaschutzbericht des **IPCC** für Entscheidungsträger
http://www.bmu.de/files/pdfs/allgemein/application/pdf/ipcc_entscheidungstraeger_gesamt.pdf
Letzter Zugriff 13. Juni 2011

[C] US Petition Project (**USPP**): Summary of Peer-Reviewed Research
http://www.petitionproject.org/review_article.php
Letzter Zugriff am 8. Juli 2011

[D] NZCPR Reseach – New Zealand Centre for Political Research
http://www.nzcpr.com/Research%20papers%20(4).pdf
Letzter Zugriff am 9. Oktober 2011

[E] IPCC: **Radiative Forcing** of Climate Change
http://www.grida.no/climate/ipcc_tar/wg1/pdf/TAR-06.pdf -
Letzter Zugriff am 7. Oktober 2011

Anmerkung: Die hier **fett** gedruckten Bezeichnungen werden nachfolgend als Referenz für die hier aufgeführten Internet-Links verwendet.

Anhang I - Faktenvergleich

Eine einzelne Institution kann sich durch politischen Auftrag, eigenen Anspruch oder die Qualität und Quantität seiner Gutachter niemals in den alleinigen Besitz einer gültigen wissenschaftlichen Lehrmeinung bringen; und ein wissenschaftlicher Überprüfungsprozess durch Fachgutachter (Peer-Review) darf sich niemals auf ein einziges wissenschaftliches Paradigma beschränken. Der IPCC bezeichnet sich selbst ([A] **Organisation**) als eine wissenschaftliche Einrichtung, die keinerlei eigene wissenschaftliche Arbeiten durchführt. Seine Finanzierung wird durch Beiträge von WMO, UNEP und UNFCCC getragen. Der IPCC arbeitet also eigentlich wie die Fachzeitschrift einer wissenschaftlichen Vereinigung. Bereits die Aussage, *"IPCC aims to reflect a range of views and expertise"*, formuliert **eine ausdrückliche Einschränkung** für die dort ausgewählten wissenschaftlichen Beiträge, denn es geht hier offenbar gar nicht um das vollständige Spektrum (*the [full] range*) der aktuellen wissenschaftlichen Erkenntnisse. Wissenschaftliche Arbeiten, die keine Klimakatastrophe abbilden, erfahren beim IPCC deshalb offenbar auch keine gleichberechtigte Würdigung.

Der IPCC reduziert sich also selbst auf eine Art übernationale Werbeagentur für ein monokausales CO_2-Paradigma und erfüllt damit konsequent seinen ursprünglichen politischen Auftrag als „Internationales Forum für den Klimawandel", nämlich ein klares wissenschaftliches Szenario („... *a clear scientific view on the current state of knowledge in climate change* ...") für den verkündeten Klimawandel aufzustellen.

Wesentliche Widersprüche im Klimaschutzbericht des IPCC für Entscheidungsträger:

- **Die Zeitreihen des IPCC erfassen bestenfalls den historischen Temperaturanstieg seit dem Ende der „kleinen Eiszeit" um 1850!**
  Beweis: [B] IPCC Figure SPM.3. und [C] USPP Figure 1.
  Die Abbildung des IPCC beginnt am Ende der "kleinen Eiszeit" (1850) und zeigt folgerichtig einen Temperaturanstieg, der zeitgleich zur Industrialisierung verläuft. Die Abbildung

des USPP zeigt dagegen die Temperaturentwicklung der vergangenen 3.000 Jahre mit den historisch bekannten Warm- und Kaltzeiten. Nach Darstellung des USPP hat unser aktuelles Klima nach der „kleinen Eiszeit" die Durchschnittstemperatur der vergangenen 3.000 Jahre noch nicht wieder erreicht.

- **Der IPCC ignoriert offenbar Erkenntnisse über den grundsätzlichen Einfluss der Sonnenaktivität auf unser Klima! Der IPCC stellt damit die Temperaturerholung seit Mitte der 1970-er Jahre weitgehend als anthropogenen Klimabeitrag dar!**
  Beweis: [B] IPCC Figure SPM.4. (Nordamerika) und [C] USPP Figure 5. Beide Abbildungen zeigen den Temperaturverlauf für Nordamerika im 20. Jahrhundert. Der IPCC differenziert in seiner Darstellung zwischen Beobachtungen (schwarz), natürlichem (blau) und natürlichem plus anthropogenem (rot) Klimaantrieb. Die Kurve der beobachteten Werte (schwarz) stimmt hervorragend mit der Darstellung des USPP überein. Beide Kurven zeigen ein Temperaturmaximum um 1940, danach einen Temperaturabfall und einen erneuten Anstieg ab etwa Mitte der 1970-er Jahre. Beim USPP wurde die Temperaturkurve mit der Sonneneinstrahlung hinterlegt und zeigt einen engen Zusammenhang zwischen Temperatur und Sonneneinstrahlung über das gesamte 20. Jahrhundert. Dagegen bleibt der IPCC mit seiner Kurve für den natürlichen Klimaantrieb nach 1970 weit unter den Werten für das Strahlungs- und Temperaturmaximum der 1940-er Jahre und ordnet den gemessenen Temperaturanstieg ab Mitte 1970 damit weitgehend einem anthropogenen Klimaantrieb zu. Eigentlich müsste der natürliche Strahlungsantrieb der Sonne aber auch beim IPCC aktuell wenigstens wieder das Niveau der 1940-er Jahre erreichen, wie das die Abbildung des USPP eindeutig darstellt.

Der IPCC hat seine Fokussierung auf einen alleinigen anthropogenen Klimaantrieb immer mit der zwischenzeitlich widerlegten Mann'sche Hockeyschläger-Kurve für die historische Temperaturentwicklung begründet. Und diese Argumentation des IPCC hat offenbar weiterhin Bestand! Ein schon wegen der Schwankungen unseres Paläoklimas naheliegender solarer Klimaantrieb, der in einer Vielzahl von wissenschaftlichen Veröffentlichungen beschrieben wird ([8], [33], [34]), wurde und wird dagegen weiterhin vom IPCC ignoriert. **Bei einem schwankenden solaren Klimaantrieb wäre es jedenfalls grob fahrlässig, jeglichen Temperaturanstieg auf unserer Erde allein dem Menschen zuzurechnen!**

- **Der IPCC hat für seine Berechnungen der globalen Durchschnittstemperatur offenbar Messungen aus Ballungsgebieten (= Wärmeinseln) benutzt!**
  Beweis: [C] USPP Figure 15. Das USPP stellt in dieser Abbildung den Temperatureffekt von sogenannten „urbanen Wärmeinseln" dar. Ergebnis ist eine linear ansteigende Beziehung zwischen dem Logarithmus der Einwohnerzahl und dem gemessenen Anstieg der Durchschnittstemperatur für den Zeitraum von 1940 bis 1996. Das USPP wirft dem IPCC vor, die dort ebenfalls dokumentierten Temperaturdaten von NASA GISS zur Berechnung des globalen Temperaturanstiegs benutzt zu haben, die in Bezug auf den Einfluss solcher „urbaner Wärmeinseln" nicht korrigiert worden seien.

- **Der vorindustrielle Basiswert von 280 ppm für atmosphärisches CO_2 ist sehr eigenartig zustande gekommen!**
  Beweis: [D] NZCPR Figure 11. Das NZCPR bezweifelt, dass Callendar und Kelling bei der Ermittlung des vorindustriellen CO_2-Gehaltes unserer Atmosphäre wissenschaftlich sauber gearbeitet haben. Vielmehr scheint die dort dargestellte Selektion der Basisdaten durch Callendar und Kelling das Endergebnis bereits vorwegzunehmen.

- **Der IPCC ängstigt uns mit dem industriellen Wachstum der Schwellenländer!**
  Beweis: [B] IPCC Figure SPM.5. Diese Abbildung stellt globale Multimodell-Mittel für die Erwärmung an der Erdoberfläche bis zum Jahre 2100 dar. Der anthropogene Temperaturanstieg im 20. Jahrhundert ergibt sich dort zu 0,6 °C. Bis zum Jahre 2100 sind dort Werte für den weiteren anthropogenen Temperaturanstieg zwischen 1,4 und 4 Grad Celsius angegeben. In Zukunft wird aber der CO_2-Ausstoß in der In-

dustrienationen eher stagnieren. Nach dem **Waschmaschinen-Paradoxon** muss es sich beim weiteren Anstieg der weltweiten CO_2-Emissionen also um einen Zuwachs aus den Schwellenländern handeln. Ein solcher Anstieg der CO_2-Emissionen durch die wirtschaftliche Entwicklung in den Schwellenländern ist aber mit einer Null-CO_2-Emission hier bei uns in Deutschland oder selbst in Europa nicht zu kompensieren. So wächst allein der CO_2-Ausstoß von China jährlich um etwa das gesamte deutsche CO_2-Aufkommen!

Fazit dieses Faktenvergleiches: Es gibt sehr wohl fundierte Gegenpositionen zu den Klimadarstellungen des IPCC!

Je unzureichender aber ein wissenschaftlicher Kenntnisstand ist, umso mehr Lösungsmöglichkeiten (Paradigmen) gibt es für die Summe der vorliegenden Einzelerkenntnisse. Eigentlich müssten wir also auf der Seite des US Petition-Projektes stehen und von der Klimaforschung eine abschließende Klärung der ungesicherten Faktenlage einfordern, bevor überhaupt irgendwelche existenziellen gesellschaftlichen Maßnahmen ergriffen werden.

Stattdessen schlägt unsere Klimaforschung auf der Grundlage von fiktiven Ergebnissen grob vereinfachender Computermodelle bereits heute eine „Große Transformation zur dekarbonisierten Weltgemeinschaft" vor (WBGU: Wissenschaftlicher Beirat der Bundesregierung Globale Umweltveränderungen [55.3]), um unsere Gesellschaft auf eine strikte CO_2-Vermeidung auszurichten und den Klimaschutz als Verfassungsziel einzuführen.

Propagiert der WBGU mit seiner „Großen Transformation" bereits unseren neuen –ISMUS, den CO_2-Klimatismus? Nach dem Fall des Eisernen Vorhangs war man sich doch einstmals einig darüber, nie wieder gesellschaftliche Experimente mit Menschen zulassen zu wollen. Nach diesen geschichtlichen Erfahrungen wäre es denn auch reine Hybris, wenn die Klimaforschung tatsächlich glauben sollte, unsere Demokratie intakt durch den kritischen Prozess einer globalen Dekarbonisierung führen zu können. Man möge sich also lieber rechtzeitig fragen, was die Forderung nach einer *„gesellschaftlichen Problematisierung von nicht nachhaltigen Lebensstilen"* [55.3] in ihrer weichgespülten Formulierung wirklich bedeutet und welche Art von Hexenjagd uns am Ende tatsächlich damit angedroht worden sein mag!

Anhang II - Eigene Betrachtungen

Die durchschnittliche Globalstrahlung beträgt hier bei uns in Deutschland zwischen 900 und 1.200 kWh pro Quadratmeter und Jahr. In Abbildung 34 ist der Jahresmittelwert der Globalstrahlung mit Daten von der Säkularstation Potsdam Telegrafenberg [80] dargestellt und mit der Intensität der Sonnenstrahlung vom US-Petition Project [8] hinterlegt. Auch die örtliche Globalstrahlung in Potsdam zeichnet den in Anhang (I) beschriebenen Klimatrend nach. Bei genauerer Betrachtung scheint es hier aber einen Zeitversatz zwischen der Sonnenintensität (**S**) im 90-jährigen Gleissberg-Zyklus der Sonnenfleckentätigkeit und der Globalstrahlung (**G**) von etwa 10 Jahren zu geben.

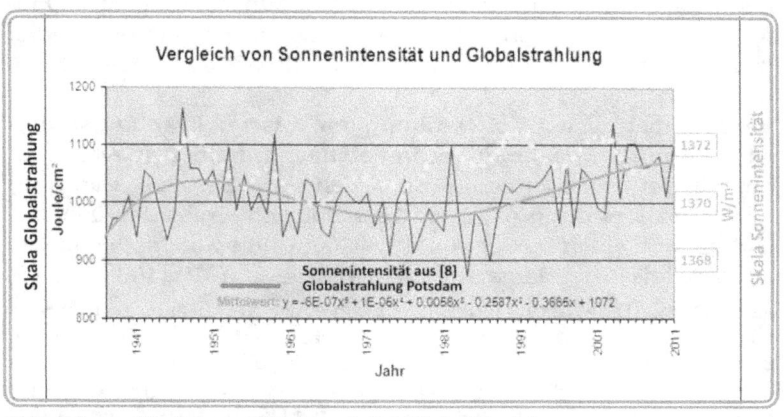

Abbildung 34: Jahresmittelwert der Globalstrahlung
Daten: Globalstrahlung von [80] und Sonnenintensität aus [8]
Einheit der Globalstrahlung: 1 Joule = 1 Watt x 1 Sekunde = 1 Ws
1000 Joule/cm² entsprechen einem Wert von 2,78 kWh/m²

Es muss einen zwingenden natürlichen Zusammenhang zwischen Sonnenintensität (**S**) und Globalstrahlung (**G**) geben. Die Zeitdifferenz zwischen diesen beiden Maxima deutet dann auf terrestrische Prozesse hin, die etwa 10 Jahre benötigen, um voll klimawirksam zu werden. Die Erklärung in der Fachliteratur für Zeitverzüge in der Umsetzung von Temperaturschwankungen auf unserer Erde besteht in dem Wärmespeichervermögen der Ozeane. Zunächst einmal werden aber überhaupt atmosphärische Prozesse benötigt, die zu einem solchen Temperaturanstieg führen können. Hier würden sich beispielsweise atmosphärische Solarverstärker (**ASV**) anbieten. Für eine quantitative Aussage reicht das hier vorgestellte Datenmaterial zwar nicht aus, wohl aber für eine generelle Abschätzung der Funktionalität:

$$\mathbf{G\ (T)} \simeq \sum_{T-\Delta t}^{T} \mathbf{ASV\ (F\ (S))} \qquad \text{(Gleichung 4)}$$

Die Globalstrahlung **G(T)** mit (**T**=heute) wäre also die Summe aller atmosphärischen Solarverstärkungseffekte (**ASV**) als Funktion (**F**) der Sonneneinstrahlung (**S**) für den Zeitraum **T-Δt** bis **T** mit einem **Δt** von etwa 10 Jahren. Dabei wären in einer ersten Annäherung durchaus unterschiedliche Zeiträume für Anstieg und Abfall solcher atmosphärischer Solarverstärkungseffekte zu vermuten, wenn es sich hierbei beispielsweise um Bildung und Zerfall von Kondensationskeimen für die Wolkenbildung handeln sollte [33].

Bei einer natürlichen **Schwankung der solaren Strahlungsintensität (S) um 1‰** beträgt die in Potsdam mit einer Zeitverschiebung in der Größenordnung von 10 Jahren gemessene **Änderung der Globalstrahlung (G) etwa 10%**. Folglich ergibt der Quotient **G/S** implizit einen Faktor von etwa 100 für die Summe möglicher atmosphärischer Solarverstärkungseffekte (**Σ ASV $\simeq$ 100**) !

Anmerkung: Eine Zeitverzögerung **Δt** von etwa 10 Jahren wird übrigens von Usoskin et al. [81] für eine Korrelation der Sonnenfleckenzahl und den Durchschnittstemperaturen auf der Nordhalbkugel mit einer statistischen Sicherheit von 94-98% nachgewiesen. Die Europäische Organisation für Kernforschung (CERN) hat als Ergebnis ihres CLOUD-Experimentes [82] eine bis zu 10-fach höhere Wirksamkeit des Svensmark-Effektes nachgewiesen; sein Einfluss auf die Wolkenbildung konnte dort nicht quantifiziert werden. Gleichzeitig wurde aber der bisher als gesichert geltende Aerosol-Effekt in seinem Einfluss auf die Wolkenbildung um mehrere Zehnerpotenzen (1/10 – 1/1.000) herabgestuft. Es heißt dort: „... *die Behandlung der Aerosole in Klimamodellen muss substantiell überarbeitet werden...*" (... it is clear that the treatment of aerosol formation in climate models will need to be substantially revised ...).

Es wäre also völlig falsch, einen solaren Klimaeinfluss nur deshalb negieren zu wollen, weil der solaren Intensitätsschwankung von einem Promille keine unmittelbar messbare Klimareaktion gegenübersteht.

Anhang III - Eigene Berechnungen

Die vorhergesagte Klimakatastrophe soll durch den zusätzlichen anthropogenen Eintrag von Treibhausgasen in unsere Atmosphäre verursacht werden. Aus den Grundlagen des IPCC **[B]**, Abbildung SPM.2., wird deutlich, dass der anthropogene Klimaantrieb in Summe etwa dem anthropogenen CO_2-Antrieb entspricht; die übrigen Einflussgrößen heben sich in etwa gegenseitig auf, wobei die CLOUD-Ergebnisse [82] eine grundsätzliche Überarbeitung der aktuellen Klimamodelle erforderlich machen werden.

Der IPCC hat unter **[E] Radiative Forcing** zwei Formeln veröffentlicht, die den Beitrag von CO_2 zum atmosphärischen Treibhauseffekt auf unserer Erde beschreiben sollen:

$\Delta F = 5{,}35 * \ln (C/C_0)$ in [W/m²] (Gleichung 5)

$\Delta Ts / \Delta F = \lambda$ in [°K pro (W/m²)] (Gleichung 6)

Damit ergibt sich das Temperaturäquivalent für das „Radiative Forcing" des IPCC zu:

$\Delta Ts = \lambda * 5{,}35 * \ln (C/C_0)$ in [°K] (Gleichung 7)

Anmerkung: Monckton [32] führt an dieser Stelle einen Verstärkungsfaktor G mit $\lambda = \lambda_0 G$ mit $\lambda_0 = 0{,}3125$ [°K W^{-1} m²] ein. Da es auf unserer Erde niemals eine klimatische Resonanzkatastrophe gegeben hat (Scotese [16]), setzt Monckton mit $G=1{,}111$ den maximal möglichen Wert für diesen Verstärkungsfaktor an, bei dem eine Resonanzkatastrophe noch sicher auszuschließen ist, und erhält: $\Delta Ts = 1{,}858 * \ln (C/C_0)$ in [°K]. Daraus ergibt sich dann die **Klimasensitivität** von CO_2 zu **1,288** Grad Kelvin (oder Grad Celsius, weil es sich um Temperaturdifferenzen handelt).

Wir rechnen hier aber mit dem vom IPCC **[E]** veröffentlichten Wert für Lambda (λ) von **0,5 °K pro [W/m²]** weiter und konkretisieren die Gleichung 7 zu:

$\Delta Ts = 2{,}675 * \ln (C/C_0)$ in [°K] (Gleichung 8)

Aus Gleichung (8) kann man nun leicht die **Klimasensitivität** von CO_2 zu **1,85 Grad Kelvin** bestimmen. Aus den Eckwerten des natürlichen CO_2-Treibhauseffektes von 280 ppm und 8 Grad Celsius (grüne Linie in Abbildung 35) lässt sich dann auch das [C_0] in Gleichung (8) zu 14,07 ppm CO_2 errechnen. Der Kurvenverlauf in

Abbildung 35 zeigt einen möglicherweise anthropogen verursachten Temperaturanstieg bis heute (blaue Linie bei 380 ppm CO_2) von etwa 0,8 Grad Celsius. Bei einem Anstieg des industriellen CO_2-Ausstoßes auf jährlich 50 Gigatonnen bis zum Ende dieses Jahrhunderts müssten wir mit einer Verdoppelung des atmosphärischen CO_2-Anteils auf 760 ppm (orange Linie) und einem weiteren Temperaturanstieg von 1,85 Grad Celsius rechnen. Bei einer Vervierfachung des atmosphärischen CO_2-Gehaltes auf 1.500 ppm (rote Linie) wäre gegenüber heute ein Temperaturanstieg von insgesamt etwa 3,65 Grad Celsius zu erwarten.

Andere Autoren kommen mit ihren eigenen Ansätzen für die Klimasensitivität von CO_2 übrigens zu deutlich geringeren Werten für diesen Temperaturanstieg ([19] und [35]) als das Internationale Forum für den Klimawandel (IPCC). Hug [83] hat mit quantitativen Untersuchungen der IR-Absorption von CO_2 für dessen Klimasensitivität sogar nur ein Achtzigstel des vom IPCC angegebenen Wertes ermittelt.

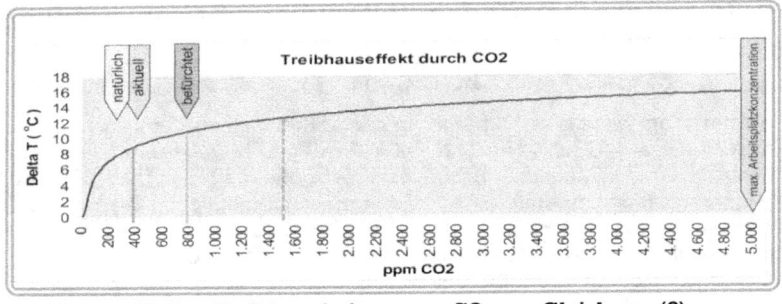

Abbildung 35: Der Treibhausbeitrag von CO_2 aus Gleichung (8)

Der steilste Anstieg für die Temperaturkurve des CO_2-bedingten Treibhauseffektes liegt also bereits hinter uns. Die politisch angepeilte 2-Grad-Grenze für das Jahr 2100 ist demnach so glücklich gewählt, dass sie sich ohne „Große Transformation" [55.3] und eine grundsätzliche CO_2-Reduktion sicher erreichen lässt.

Eine Verdoppelung des atmosphärischen CO_2-Gehaltes würde uns nach dieser monokausalen und IPCC-konformen Temperaturhochrechnung also nicht in eine Klimakatastrophe führen, sondern lediglich in eine neue klimatische Warmzeit!

Anhang IV – Eigene Ergebnisse

Zunächst seien hier noch einmal die unterschiedlichen Ergebnisse aus den Abschnitten **„Eine CO_2-Abschätzung"** [S.48] und **„Der anthropogene CO_2-Dreisatz"** [S.93] für eine Verdoppelung des atmosphärischen CO_2-Gehaltes von aktuell 3.000 Gigatonnen [22] erwähnt.
Diese CO_2-Abschätzungen beruht auf dem aktuellen atmosphärischen CO_2-Massenverhältnis:

o Den aktuell vorhandenen 3.000 Gigatonnen CO_2 in unserer Atmosphäre entspricht ein CO_2-Gehalt von 0,038% oder 380 ppm.
o Dem vorindustriellen atmosphärischen CO_2-Gehalt von 0,028% oder 280 ppm entspricht also eine Masse von ursprünglich 2.210 Gigatonnen CO_2.
o Der anthropogene CO_2-Ausstoß im 20. Jahrhundert betrug in Summe etwa 1.000 Gigatonnen.
o In der Atmosphäre fehlen demnach bereits 190 Gigatonnen CO_2.

Etwa 20 Prozent des anthropogen-industriellen CO_2-Ausstoßes aus dem 20. Jahrhundert von insgesamt 1.000 Gigatonnen müssen also bereits wieder aus unserer Atmosphäre abgewandert sein.
In dem vereinfachten CO_2-Dreisatz ist diese Tatsache implizit berücksichtigt. Die Hochrechnung für den anthropogenen CO_2-Ausstoß bis zum Jahre 2100 von insgesamt 3.800 Gigatonnen CO_2 führt damit zu einer Differenz von 800 Gigatonnen CO_2, die ebenfalls „im System verloren gehen" und nicht zum atmosphärischen CO_2-Gehalt beitragen werden.

Der nicht atmosphärisch wirksame Anteil aus den hochgerechneten anthropogenen CO_2-Einträgen bis zum Jahre 2100 entspricht mit etwa **800 Gigatonnen** CO_2 aber erstaunlicherweise ziemlich genau dem aktuellen globalen „CO_2-Emissionsbudget" des WBGU ([55.1] S. Seite 93) von **750 Gigatonnen**!

Man muss sich an dieser Stelle also ganz ernsthaft fragen, ob es in der offiziellen CO_2-Argumentation vielleicht um „des Kaisers neue Kleider" geht und ob wir uns in diese Klimakatastrophe eventuell selbst hineingerechnet haben könnten!

An den Grundannahmen für die prophezeite Klimakatastrophe bestehen jedenfalls weiterhin ganz erhebliche Zweifel:

o Kann der Treibhauseffekt des anthropogenen CO_2–Eintrages als ein solarer Sekundäreffekt in unserer Atmosphäre überhaupt vollständig umgesetzt werden?

o Die vorgestellten Massenbetrachtungen zum natürlichen CO_2–Kreislauf [**S. 48, S. 93 und Abb.1**] dürften eine maßstäbliche anthropogene Beeinflussung der atmosphärischen CO_2-Konzentration von vorn herein ausschließen.

o Die Ursache für die natürlichen Schwankungen unseres Paläoklimas liegt in den Milanković-Zyklen für die Bahnparameter unserer Erde [**Abb.17**]. Hier stellt sich die Frage, wo diese natürlichen Schwankungen in den Klimahochrechnungen eigentlich berücksichtigt werden und wie dort die Trennung von einem anthropogenen Klimaeinfluss erfolgt.

o Den paläoklimatischen Schwankungen muss zwingend eine natürliche Einflussgröße zugrunde liegen, und dafür bietet sich nur die Sonneneinstrahlung an. Deren Schwankungen reichen aber allein nicht aus, um klimawirksam zu werden. Eine Lösung wären atmosphärische Solarverstärker mit Wirkungsfaktoren von insgesamt bis zu 100 in Summe [**Anhang II**].

Die hier in [**Anhang III**] vorgelegten IPCC-konformen Temperaturberechnungen für eine monokausale CO_2-Abhängigkeit unseres Klimas zeigen jedenfalls, dass wir das politische Klimaziel für einen Temperaturanstieg von 2 Grad Celsius bis zum Jahre 2100 ohne irgendwelche Gegenmaßnahmen sicher einhalten werden. Nach einer umfassenden Analyse von Khandekar et al. [84] beträgt der solare Einfluss auf die Schwankungen der globalen Durchschnittstemperatur aber mehr als 60 Prozent, was so auch durch die Arbeit von Vahrenholt und Lüning [34] bestätigt wird. Somit müsste sich der tatsächliche Einfluss des anthropogenen CO_2–Ausstoßes schließlich auf knapp die Hälfte seines monokausal postulierten Klimabeitrages reduzieren. Und damit kämen wir dann bis zum Jahre 2100 realistisch gerechnet auf einen anthropogen verursachten Temperaturanstieg von weniger als einem Grad Celsius.

Natürliche Klimafaktoren konnten in dieser Betrachtung nicht berücksichtigt werden, weil noch gar nicht abschließend geklärt ist, welche Einflussfaktoren insgesamt an der Klimagenese beteiligt sind und wie hoch deren quantitative Einzelbeiträge wirklich sind. So hat gerade die Europäische Organisation für Kernforschung (CERN) als Ergebnis ihres **CLOUD**-Experimentes [82] eine bis zu 10-fach höhere Wirksamkeit des Svensmark-Effektes nachgewiesen und gleichzeitig den bisher als gesichert geltende Aerosol-Effekt für die natürliche Wolkenbildung um mehrere Zehnerpotenzen (1/10 – 1/1.000) herabgestuft, sodass damit unser aktueller Kenntnisstand über die in der Klimagenese hoch wichtige Wolkenbildung insgesamt in Frage gestellt worden ist.

Wie wir aber bereits gesehen haben, besteht im paläoklimatischen Kontext noch ein grundsätzliches Potential für einen weiteren natürlichen Temperaturanstieg von etwa 2 Grad Celsius (Milanković-Zyklen in Abbildung 17 auf Seite 79 und Text). Dabei lag der natürliche Temperaturanstieg am Ende der letzten Eiszeit bei knapp einem Grad Celsius pro Jahrhundert, was wir so in erster Abschätzung für einen natürlichen Maximalanstieg ansetzen können. Ein zusätzlicher Temperaturanstieg um ein weiteres Grad Celsius in diesem Jahrhundert wäre also paläoklimatisch durchaus möglich.

Geo-realistisch gesehen bleibt von der befürchteten Klimakatastrophe am Ende also ein maximaler Temperaturanstieg bis zum Jahre 2100 von in Summe etwa 1 - 2 Grad Celsius übrig.

Angemerkt sei hier noch, dass in dieser Abschätzung abkühlende Solareffekte [34] nicht berücksichtigt worden sind und bei Versagen des CO_2-Paradigmas der globale Temperaturanstieg seit 1850 von 0,8 Grad Celsius bereits paläoklimatischer Natur sein könnte.

Der rein anthropogene Anteil einer solchen Klimaerwärmung würde sich in den natürlichen Klimaschwankungen zwischen „mittelalterlicher Warmzeit" und der „kleinen Eiszeit" nahezu verlieren; allerdings mit einer positiven Tendenz für eine bäuerliche Gesellschaft in mittleren geographischen Breiten.
Ein vorsorglicher Ausgleich von Standortnachteilen in der Dritten Welt und den Schwellenländern für die zukünftige klimatische Gesamtentwicklung wäre also durchaus sinnvoll [73] und würde uns nach Lomborg [1] wirtschaftlich deutlich weniger belasten als die politisch vereinbarte monokausale CO_2-Vermeidung.

Diese monokausale CO_2-Vermeidung kann denn auch bestenfalls den anthropogenen Teil eines globalen Temperaturanstieges beeinflussen und würde darüber hinaus zusätzliche Maßnahmen zum Schutze der Weltbevölkerung vor dem natürlichen paläoklimatischen Anteil erforderlich machen. Diese zusätzlichen Kosten sind in den veröffentlichten Szenarien für eine Dekarbonisierung unserer Weltgemeinschaft [55.3] aber noch gar nicht enthalten.

Eigenartig bleibt deshalb, dass die vermeintliche Klimakatastrophe von den gesättigten Volkswirtschaften her angegangen wird, aus denen für die Zukunft kaum ein zusätzlicher Beitrag zum globalen CO_2-Aufkommen zu erwarten ist. Dieser zusätzliche CO_2-Ausstoß resultiert vielmehr ganz wesentlich aus dem Wachstum der Schwellenländer, während das ungebremste Bevölkerungswachstum in der Dritten Welt das eigentliche Zukunftsproblem der Menschheit darstellt.

Der monokausalen CO_2-Vermeidung scheint also eher eine Kaufkraftabwägung zugrunde zu liegen, die eine sinnvolle Problemlösung völlig auf den Kopf stellt.

In einem ersten Schritt zu einer globalen Problemlösung müsste nämlich zunächst das Bevölkerungswachstum auf unserer Erde durch eine wirtschaftliche Entwicklung in der Dritten Welt stabilisiert werden [14]. Währenddessen bliebe uns immer noch ausreichend Zeit, um in Ruhe und mit der notwendigen Ernsthaftigkeit alle Gesetzmäßigkeiten über unser natürliches Klimageschehen herauszufinden und um dann eine wirklich qualifizierte und nachhaltige Lösung für einen erst noch zu beziffernden anthropogenen Klimabeitrag zu entwickeln.

Im Angesicht großer Widerstände in der Bevölkerung gegen den überstürzten Neubau von Solarparks, Windrädern und neuen Stromtrassen wäre es jedenfalls eine Katastrophe, den Klimaschutz vorschnell als Verfassungsziel einführen zu wollen (WBGU [55.3]), obwohl in der Klimaforschung noch gar kein gesicherter Erkenntnisstand vorliegt.

In einem Abgleich gleichrangiger Rechtsgüter könnten damit unsere individuellen Freiheitsrechte sehr leicht einem „öffentlichen Interesse" für den Klimaschutz unterliegen und wir alle wären dann die Geiseln eines monokausalen Klimadiktates!

Anhang V – Versuch einer Annäherung

Die Geschichte hat gezeigt, dass eine mittelalterliche Kirche die historische Entwicklung der Wissenschaften und damit die Abspaltung eines wissenschaftlichen Weltbildes von ihrer in sich geschlossenen Lehrmeinung schließlich doch nicht verhindern konnte. Am Ende dieser Entwicklung stehen heute zwei völlig unvereinbare Weltsichten, zwischen denen ein Austausch von Erkenntnissen gar nicht mehr stattfinden kann. Wissenschaft und Religion nehmen in unserer Gesellschaft also grundsätzlich zwei diametrale Positionen ein:

o **Das Ziel der Wissenschaft ist der Erkenntnisgewinn.** Das Erkenntnisgebäude der Wissenschaft ist ohne Emotionen und so liberal, dass jeder seinen Beitrag zu einem gemeinsamen Erkenntnisgewinn liefern kann. **Die Wissenschaft ist dynamisch**, auf eine permanente Weiterentwicklung ausgelegt und kann niemals fertiggestellt werden. Die Gesellschaft finanziert die Wissenschaft und garantiert ihr die Freiheit von Forschung und Lehre. Es liegt dafür in der Verantwortung der Wissenschaft, der Gesellschaft aufrichtige und ungefilterte wissenschaftliche Erkenntnisse zurückzugeben.

o **Das Ziel der Religion ist die Erlösung.** Das Erkenntnisgebäude der Religion ist auf den Glauben an das unabänderliche Regelwerk einer höheren Macht gegründet und auf eine Erlösung ihrer Anhänger und der Welt gerichtet. Die Gemeinschaft der Gläubigen ist emotional, glaubt an einen Heilsbringer und an die Erlösung von einem Erbfeind. **Die Religion ist statisch**, streng auf sich selbst gerichtet und schließt jede weitere Veränderung aus.

Die modernen Wissenschaften konnten sich nur auf ihren aktuellen Stand entwickeln, weil der fortlaufende wissenschaftliche Erkenntnisprozess immer einen Nettogewinn an Wissen erzielt hat. Das Paradoxon der institutionalisierten Klimaforschung ist daher heute die antiwissenschaftliche Forderung nach einem „Ende der Diskussion", die diesen statistischen Erfahrungswert negiert und jede weitere Entwicklung in der Klimaforschung kategorisch ausschließen will. Im Ergebnis läuft diese Forderung daher auf die Verkündung eines statischen Klimaglaubens hinaus. Ein Galileo Galilei würde darin vermutlich deutliche Parallelen zur Inquisition seiner mittelalterlichen Kirche erkennen, und tatsächlich finden sich hier dann auch sämtliche Elemente, die eine religiös geprägte Weltanschauung ausmachen:

- Die Heilslehre von einer dekarbonisierten Weltgemeinschaft,
- die Bedrohung durch ein klimatisches Höllenfeuer
- und ein CO_2-Ablass, mit dem man sich von seiner persönlicher Emissionsschuld frei kaufen kann.

Hat der Schriftsteller Gilbert K. Chesterton vielleicht Recht, wenn er seinen Pater Brown sagen lässt: *„Wenn ein Mensch nicht mehr an Gott glaubt, glaubt er nicht an nichts, er glaubt an alles Mögliche"*? Hat sich der feste Glaube an eine Klimakatastrophe vielleicht tatsächlich bereits zu einer Ersatzreligion entwickelt?

Die eigentliche Frage lautet also, wie es in der Klimaforschung überhaupt zu einer solchen Situation kommen konnte, denn schließlich wollen doch alle Beteiligten nur unser Bestes!

Gehen wir also einmal ganz an den Anfang zurück: Wenn der Mensch unvermittelt einer Gefahr gegenübersteht, dann ist es, evolutionär gesehen, sicherlich erfolgreicher, diese zunächst einmal zu überschätzen. Alle, die sich in der Menschheitsgeschichte anders verhalten haben, dürften damit auch ihre statistische Überlebenschance verringert haben. Es setzt sich dann ein Erkenntniszyklus in Gang, um diese unbekannte Gefahr zu überwinden:

- **Übersicht gewinnen:** Einfache Plausibilitäten bestimmen und Gesetzmäßigkeiten ableiten.
- **Maßnahmen ergreifen:** Einen Maßnahmenkatalog und eine Prioritätsliste erstellen und abarbeiten.
- **Prüfung und Anpassung der Maßnahmen:** Stimmen die Gesetzmäßigkeiten und greifen die Maßnahmen?

Ein solcher iterativer Zyklus wiederholt sich dann, bis als Ergebnis dieses Warnprozesses eine Problemlösung erzielt wird oder eine Entwarnung stattfindet. Zunächst tritt also die Überhöhung einer unbekannten Gefahr ein, die sich dann für gewöhnlich im Verlauf zunehmender Erkenntnisse auf eine realistische Einschätzung reduziert. Und am Ende gibt es für ein Warnsystem nur zwei alternative Endstadien, den Übergang in ein Lösungssystem (Konvergenz) oder einen Niedergang (Divergenz), der dann gewisse innere Widerstände mit sich bringen mag:

- **Konvergenz** = Warnung -> Aufmerksamkeit -> Erhalt und Ausbau von Bedeutung und Privilegien -> Stabilisierung und Übergang in ein Lösungssystem

- **Divergenz** = Entwarnung -> Bedeutungslosigkeit und Verlust von Privilegien -> Destabilisierung und Niedergang des Warnsystems

In der Klimadiskussion gilt heute offenbar: Widerlegte alarmistische Erkenntnisse (z.b. die Hockeystick-Temperaturkurve) verbleiben trotzdem irgendwie in der Argumentationskette und entwarnende Erkenntnisse (z.b. atmosphärische Solarverstärker) werden vom Klima-Mainstream grundsätzlich ignoriert, marginalisiert oder gar bekämpft. Am Ende läuft dieses Vorgehen auf die Verteidigung eines statischen Weltbildes hinaus. Wie kommt es zu diesem eigenartigen Beharrungsvermögen des Klima-Mainstreams? Schauen wir uns einmal die Beteiligten an um zu verstehen, wo sich hier Trägheitsmomente gegen eine Divergenz des Warnsystems aufgebaut haben könnten:

- **Die Protagonisten einer Klimakatastrophe** haben gut bezahlte und sichere Arbeitsplätze in Behörden und Forschungseinrichtungen, ungeahnte Forschungsbudgets, modernste Hochleistungscomputer und höchste Aufmerksamkeit in Politik und Öffentlichkeit gefunden.
- **Politik, Industrie, Medien, NGOs und Einzelpersonen** mit unterschiedlichsten Motivationen, die durch Maßnahmen gegen eine Klimakatastrophe ihre eigenen säkularen Ziele befördert sehen.
- **Eine „schweigende Mehrheit"**, die sich keine eigene Meinung über das Problem bilden kann oder will, zwischen beruflichen und privaten Pflichten keine Zeit für die Problemstellung aufwenden kann oder in die staatlichen und wissenschaftlichen Institutionen vertraut.

Die vorstehend Erst- und Zweitgenannten profitieren also ganz erheblich von diesem Warnsystem und offensichtlich hat sich daraus inzwischen ganz zwanglos eine „Große Koalition zur Rettung der Welt" formiert. Eine klare Trennung von primären und säkularen Zielsetzungen scheint hier nämlich schon deshalb nicht mehr möglich zu sein, weil durch personelle Überschneidungen zwischen wissenschaftlicher Forschung [85.1], politischer Beratung [55.3] und NGOs [85.2] eine globale Klima-Lobby entstanden ist, die mit ihrem monokausalen CO_2-Klimatismus gleichzeitig das Problem und seine Lösung propagiert.

Die Zielgruppe „schweigende Mehrheit" kann deshalb auch gar nicht mehr erkennen, in welcher Funktion ihr einzelne Vertreter dieser Lobby tatsächlich gegenübertreten. Bei einer derart unklaren Beratungslage und den exorbitanten Kosten für die angestrebte Energiewende würde Otto Normalverbraucher im täglichen Leben jedenfalls sofort einen unabhängigen Sachverständigen hinzuziehen...

Das Klima-Warnsystem hat sich durch seine Verflechtungen mit Säkularinteressen inzwischen also zu einer statischen Weltanschauung entwickelt, in der wesentliche gesellschaftliche und wissenschaftliche Kontrollfunktionen nicht mehr wahrgenommen werden können.

Im Gegenteil, der Klima-Mainstream bedient sich in seiner ideologischen Auseinandersetzung mit entwarnenden Einzelerkenntnissen zunehmend einer abwehrenden medialen Inquisition gegen deren Erkenntnisträger. Anstatt also aktiv eine wissenschaftliche Überprüfung und gegebenenfalls Einbeziehung solcher Erkenntnisse in sein Paradigma zu betreiben, wird hier die menschliche Angst vor Veränderungen institutionalisiert und eine wissenschaftlich nicht ausgebildete Mehrheit medial gegen solche Erkenntnisträger aufgehetzt.

Üblicherweise spielen sich wissenschaftliche Auseinandersetzungen nämlich nicht auf der Ebene von beweis- oder widerlegbaren Einzelerkenntnissen ab, sondern auf einer Metaebene der Lösungssysteme oder Paradigmen. Je geringer die Summe der gesicherten Erkenntnisse ist, umso größer ist die Anzahl der möglichen Paradigmen. In einem normalen wissenschaftlichen Erkenntnisprozess steigt die Summe der Einzelerkenntnisse kontinuierlich an und damit wird gleichzeitig auch die Zahl der plausiblen Paradigmen reduziert. Am Ende eines solchen wissenschaftlichen Erkenntnisprozesses bleibt schließlich ganz zwanglos ein einziges Paradigma übrig, das sich dann als gesicherte Lehrmeinung bezeichnen darf.

Um nun seinen verfrühten Lösungsansatz zu verteidigen, fordert der weltanschaulich geprägte Klima-Mainstream in einem fundamentalistischen Alleinvertretungsanspruch eben diese Lehrmeinung für seinen von neueren Erkenntnissen bedrohten CO_2-Klimatismus ein, obwohl noch weitere plausible Lösungssysteme für unsere Klimaproblematik existieren, beispielsweise die Paläoklimatologie [40] und atmosphärische Solarverstärker [33,34,82]. Die gesellschaftlich verantwortliche Aufgabe der Klimawissenschaft wäre es aber eigentlich gewesen, den iterativen Erkenntnisprozess über unsere Klimagenese weiter voranzutreiben und damit die Anzahl der plausiblen Paradigmen auf eine wirkliche Lehrmeinung hin zu reduzieren. Abzuwarten bleibt, wie lange sich die rein wissenschaftliche Klimaforschung den latenten Vorwurf der Häresie von Seiten eines ideologisierten Klima-Mainstreams noch gefallen lassen wird, ohne sich endgültig von dieser gesellschaftspolitischen Glaubensgemeinschaft abzuspalten.

Der iterative wissenschaftliche Erkenntnisprozess über die Ursachen der vorhergesagten Klimakatastrophe wurde also offenbar von einer globalen Klima-Lobby vorzeitig außer Kraft gesetzt, und zwar zugunsten der überstürzten Einführung eines monokausalen CO_2-Klimatismus. Nutznießer sind in erster Linie weltanschauliche und ökonomische Säkularinteressen, die jetzt in den westlichen Industrienationen auf Kosten der Allgemeinheit und unserer Marktwirtschaft umgesetzt werden.
Während sich die Schwellenländer gegen eine solche Entwicklung heftig zur Wehr setzen, um den eigenen Lebensstandard weiter verbessern zu können, spielen die Interessen der Dritten Welt (Stichwort E10) dabei überhaupt keine Rolle mehr - wohl auch deshalb, weil sich Menschen, die ums nackte Überleben kämpfen, nicht so leicht für höhere Ziele in die Tasche greifen lassen.
Am Ende dieser Betrachtung könnte man schließlich dem Eindruck erliegen, bei der prophezeiten Klimakatastrophe handele es sich um eine moderne Weltuntergangsideologie mit kaufkraftgetriebenen Betroffenheiten!

Wie könnte die eingetretene Situation nun aufgelöst werden?

Vielleicht sind ja die spektakulären politischen Schicksale in der jüngsten deutschen Zeitgeschichte nicht ganz unsymptomatisch für ein grundlegendes menschliches Verhalten:
Das Festhalten an einem geschlossenen Weltbild gehört vielleicht zum natürlichen Überlebensrepertoire von uns Menschen. Die Vermeidung von schmerzlichen neuen Einsichten aus einer Machtposition heraus impliziert vermutlich, solche unerwünschten Tatsachen nicht einzugestehen, sie systemisch auszugrenzen oder gar deren Protagonisten direkt zu bekämpfen.

Am Ende eines solchen Prozesses haben bisher aber immer noch der politische Rücktritt und ein institutioneller Neuanfang gestanden!
Die Trägheitsmomente für ein konvergierendes Festhalten an einem geschlossenen Erkenntnisgebäude und gegen einen divergierenden Erkenntnisgewinn dürften umso weiter anwachsen, je mehr man sich von einer demokratischen Ämtervergabe auf Zeit entfernt.
Lösungsansatz wäre hier also eine Demokratisierung des Klima-Mainstreams und der generelle Ausschluss von säkular-weltanschaulichen Zielsetzungen aus der Klimaforschung. Dazu müsste eine wissenschaftliche Institution geschaffen werden, die in einem öffentlichen und transparenten Verfahren folgende Aufgaben wahrnimmt:

- Abgleich aller Erkenntnisse zum Klimageschehen auf einen gesicherten wissenschaftlichen Erkenntnisstand.
- Eine Formulierung von offenen Fragestellungen im Klimageschehen und daraus resultierenden ergebnisoffenen wissenschaftlichen Aufgabenstellungen zur Erzielung eines weiteren Erkenntnisgewinns.
- Ein öffentliches, transparentes und wissenschaftlich einwandfreies Verfahren zur Fortschreibung des gesicherten wissenschaftlichen Kenntnisstandes über unser Klimageschehen.

Am Ende könnte dann vielleicht sogar ein reorganisierter IPCC diese Aufgabe wahrnehmen. Dazu müsste man sicherlich zunächst einmal den Geburtsfehler des IPCC eliminieren, nämlich sein zweites „**C**"; man müsste also die Formulierung seiner Ziele auf eine umfassende Erkenntnis über das generelle Klimageschehen unserer Erde erweitern zu einem **Intergovernmental Panel on Climate Evolution (IPCE):**

"*IPCE aims to reflect the **full** range of views and expertise*", und „… *a clear scientific view on the current state of knowledge in **climate evolution for past, presence and future** …*"
(aktuelle Formulierungen in Anhang I)

Zwingend notwendig wäre zukünftig also eine strikte Trennung zwischen wirtschaftlich-weltanschaulichen Säkularinteressen, dem wissenschaftlichen Erkenntnisprozess und einer gesellschaftlich-politischen Entscheidungsfindung!

Am Ende dieses Buches stellt sich zwangsläufig die Frage, warum die Öffentlichkeit den Niedergang alarmistischer Kernthesen und neue entwarnende wissenschaftliche Erkenntnisse nicht zur Kenntnis nehmen will, sondern auf dem einmal eingeschlagenen Weg zu einer mit unübersehbaren wirtschaftlichen Belastungen verbundenen Energiewende beharrt. Dabei ignorieren diejenigen Bürgerinnen und Bürger, die am Ende ein Vielfaches für ihren Strom aus erneuerbaren Energien bezahlen werden, zudem alle Meldungen über die chaotischen und nicht marktwirtschaftlichen Auswüchse des Erneuerbare-Energien-Gesetzes (EEG).

Vielleicht kann hier die Ökonomie eine fundierte Antwort liefern: Die „Neue Erwartungstheorie" (engl. Prospect Theory **[86.1]**) sagt aus, dass der Mensch einen wirtschaftlichen Verlust emotional deutlich stärker empfindet, als einen gleich großen wirtschaftlichen Gewinn („Endowment Effect" in Abbildung 36).

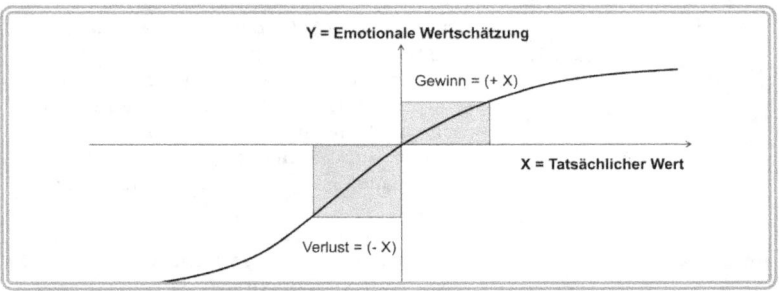

Abbildung 36: Der emotionale „Endowment Effect" [86.2] aus der Neuen (ökonomischen) Erwartungstheorie (Prospect Theory)

Wenn wir diesen „Endowment Effect" auf die öffentliche Wahrnehmung einer Klimakatastrophe anwenden, dann wird leider sofort deutlich, dass weder einzelne entwarnende wissenschaftliche Erkenntnisse, noch eine vollständige Widerlegung aller alarmistischen Thesen den Glauben der Öffentlichkeit an eine Klimakatastrophe jemals wird erschüttern können.

Es bleibt daher für die Zukunft nur zu hoffen, dass uns nicht erst der Verlust unserer Freiheit im real existierenden CO_2-Klimatismus zu einem Umdenken zwingen wird!

Einige Erklärungen zu Begriffen und Fachausdrücken

Viele der hier genannten Begriffe und Stichworte sind detailliert in Wikipedia erklärt: **http://de.wikipedia.org**

absoluter Nullpunkt	Die niedrigste physikalisch mögliche Temperatur. Sie ist zu 0 Grad Kelvin definiert, was auf der Celsiusskala – 273,15 Grad entspricht. Im Weltraum herrschen wegen der überall vorhandenen Hintergrundstrahlung etwa - 270 Grad Celsius.
Abtast-Theorem	Nach dem Abtast-Theorem von Nyquist benötigt man wenigstens einen diskreten Messwert pro Halbschwingung, um ein periodisches Signal aus Einzelwerten rekonstruieren zu können.
Aga-Kröte	Die Aga-Kröte, *Buffo marinus*, wurde 1935 in Australien zur Schädlingsbekämpfung eingeführt und hat sich dort zu einer Plage ausgeweitet, die jetzt sogar die einheimische australische Fauna bedroht. Die an der Aussetzung beteiligten „Experten" hatten sich schließlich gegen heftige Kritik durchgesetzt.
anthropogen	wissenschaftlich: Vom Menschen gemacht, vom Menschen erzeugt.
Aphel	der sonnenfernste Punkt der Erdbahn
Blindsimulation, Blindstudie	Eine Studie (hier: Simulationslauf) ohne Information über den absoluten Bezugspunkt. Dazu History-Match: (Manuelle) Anpassung an historische Daten
EEG	Gesetz für den Vorrang Erneuerbarer Energien, kurz: Erneuerbare-Energien-Gesetz
Ekliptik	Die Neigung der Erdachse von 23°26'16" gegen ihre Bahn**normale**. Die so genannte „Schiefe" der Ekliptik beträgt 90° - 23°26'16" = 66°33'44"

el Nino	spanisch: „Das (Christ-)Kind", ein Klimaphänomen im Südpazifik, das um die Weihnachtszeit auftritt. Die Passatwinde wehen mit verringerter Kraft und das warme Oberflächenwasser wird nicht mehr in ausreichendem Maße von der südamerikanischen Westküste fortgetrieben. Dadurch wird der Aufstieg von kaltem Tiefenwasser aus dem Humboldtstrom an die Oberfläche behindert. Daraus resultieren dann eine Verminderung des Planktonwachstums und ein Ausbleiben der Fischschwärme in Küstennähe.
Exzentrizität	Bei einer Ellipse gibt es zwei Brennpunkte, so dass z.B. die Sonne nicht im Zentrum der Erdumlaufbahn steht (S. auch Kepler).
fraktale Geometrie	Die „Selbstähnlichkeit" von manchen Stoffen und Körpern, in verschiedenen Vergrößerungsmaßstäben gleiche geo-metrische Strukturen abzubilden.
geographische Breite	vom Erdmittelpunkt aus gesehen der (kleinste) Winkel zwischen einem beliebigen Ort und dem Äquator. Beispiel: Mainz liegt auf 50 Grad Nord, die Pole liegen auf 90 Grad Nord und Süd.
Globalstrahlung	die von der Sonne tatsächlich eingestrahlte Energiemenge in [J/cm^2] oder [kWh], üblicherweise angegebenen pro Tag oder pro Jahr
Hemisphäre	Halbkugel
Kelvin	thermodynamische Temperaturskala, benannt nach Lord Kelvin Der Nullpunkt der Kelvin-Skala liegt bei -273,15 Grad Celsius. Also: Gleicher Gradabstand auf der Kelvin-Skala wie bei der Celsius-Skala, aber ein anderer Nullpunkt.
Kepler, Johannes	deutscher Astronom, 27. 12 1571 - 15. 11 1630

	1. Keplersches Gesetz: Die Planeten bewegen sich auf elliptischen Bahnen, in deren einem Brennpunkt die Sonne steht.
Klimaproxi	Klimaproxi sind eine Abfolge von jahreszeitlich wechselnden Ablagerungen oder Wachstumsphasen, die eine Aussage über das Paläoklima ermöglichen.
Klimasensitivität	Die K. gibt an, um wie viel Grad Kelvin sich die Durchschnittstemperatur bei einem zusätzlichen Energieeintrag in [W/m^2] oder bei Treibhausgasen für eine Verdoppelung ihrer Konzentration erhöht.
Korrelation:	Ein statistisches Maß für die Ähnlichkeit von zwei Kurvenverläufen, ohne Beweiskraft für einen funktionalen Zusammenhang der betrachteten Parameter.
Lee	dem Wind abgewandt
Luv	dem Wind zugewandt
Magnitude	Maß für die Energie eines Erdbebens. Die zugehörige Funktion ist logarithmisch und der Energiezuwachs pro Magnitude beträgt jeweils etwa das 32-fache.

Maßeinheiten		
	Milli	0,001
	Kilo	1.000
	Mega	1.000.000
	Giga	1.000.000.000
	Terra	1.000.000.000.000
	1Wa = 1 Wattjahr = 8760 Wh = 8,76 KWh	

Mesopotamien	Das Zweistromland zwischen Euphrat und Tigris
Milanković, Milutin	serbischer Mathematiker, berechnete die sogenannten **Milanković-Zyklen** in der Paläoklimatologie. Seine Erklärung sind langperiodische Schwankungen von Bahnparametern unserer Erde, die Unterschiede in der Sonneneinstrahlung verursachen.

NGO	engl.: non-governmental organisation, Nichtregierungsorganisation, ein nichtstaatlicher Interessenverband
Normale	Die (Flächen-) Normale steht senkrecht auf der zugehörigen Fläche und bezeichnet deren Lage im Raum.
Oxidation, oxidieren	chemische Bindungen an Sauerstoff, z.B. durch Verbrennen
Paläoklima	Das Klima in zurückliegenden geologischen Zeiten. S. auch Klimaproxi
Paradigma	Beispiel, Muster, Weltsicht
Peer-Review	Ein wissenschaftlicher Überprüfungsprozess durch gleichgestellte (=Peers) und anerkannte Fachleute
Perihel	der sonnennächste Punkt der Erdbahn
Periodizität	Wiederholungsfrequenz, die Zeit, in dem sich ein bestimmtes, regelmäßiges Ereignis wiederholt.
ppm	Parts per Million = millionstel Bruchteil 1 Promille sind 1.000 ppm
Präzession	Eine zusätzliche umlaufende Bewegung der Rotationsachse bei einem rotierenden Körper, vergleichbar mit dem „Taumeln" eines Kreisels.
Projektion	Mathematisch berechenbarer „Schattenwurf" eines Körpers auf eine Ebene (oder allgemeiner auf die nächst kleinere Dimension).
Projektionspunkt	Fußpunkt einer Projektion, Endpunkt einer Verbindungslinie zwischen einem Punkt und einer Fläche, die senkrecht auf dieser Fläche steht (Lotpunkt)
Protagonist	Hauptdarsteller, handelnde Person

Sequenzstratigraphie	Die geologische Erkenntnis, dass die Ablagerungsverhältnisse auf unserer Erde einer ständigen Veränderung unterworfen sind. Diese Veränderungen werden auf Wasserstandsschwankungen in den Weltmeeren innerhalb der **Milanković-Zyklen** zurückgeführt, wo eiszeitlich bedingt erhebliche Wassermengen in den terrestrischen Gletschern gebunden und in Warmzeiten wieder frei gesetzt werden. Die resultierenden Meeresspiegelschwankungen führen dann zu einer relativen Lageänderung von Erosions- und Sedimentationsräumen in Bezug auf die geologischen Transportwege.
Sequestrierung	Einlagerung
Svensmark-Effekt	Die kosmische Partikelstrahlung liefert Kondensationskerne für die natürliche Wolkenbildung. Die Dichte dieser Partikelstrahlung verläuft entgegen der Sonnenaktivität, weil das Magnetfeld der aktiven Sonne die Erde gegen diese Strahlung abschirmt. Der S. ist also kein Verstärkungseffekt im eigentlichen Sinne, sondern er schwächt den Klimaeinfluss der Sonneneinstrahlung bei geringer Sonnenaktivität noch weiter ab. Dadurch vergrößert sich aber insgesamt die Schwankungsbreite für den solaren Klimaeinfluss.
terrestrisch	wissenschaftlich: Auf die Erde bezogen, von der Erde kommend
Tōhoku Erdbeben	Das Erdbeben, dessen Tsunami das Kernkraftwerk Fukoshima zerstört hat, ereignete sich am 11. März 2011 um 05:46:23 Uhr Weltzeit auf 38° 19' 19" N und 42° 22' 8" O mit einer Magnitude von 9,0.
Tsunami	jap. „Hafenwelle", dt. seismische Woge. Im Gegensatz zu Windwellen, die nur an der Wasseroberfläche verlaufen (Oberflächenwellen), wird bei einem Tsunami der gesamte Wasserkörper in Bewegung gesetzt (Körperwelle). Im freien Ozean beträgt die Wel-

lenlänge hunderte Kilometer und die Wellenhöhe weniger als einen Meter; die Ausbreitungsgeschwindigkeit kann dort um 800 km/h liegen. An der Küste kommt es dann schließlich zu einer Art Auffahrunfall: Die Front der Welle wird stark abgebremst, während von See her das Wasser für 10 bis 30 Minuten weiter mit der ursprünglichen Geschwindigkeit an den Strand gedrückt wird. Das Wasser kann deshalb nicht zurückfluten wie bei einer Windwelle, und so steigt der Wasserstand bei einem Tsunami weit über den gewöhnlichen Hochwasserstand an.

Waschmaschinen-Paradoxon: Der Anschluss einer neuen Waschmaschine führt je nach Standort zu einem Mehr- oder Minderverbrauch an Energie!
Erklärung: In einer „gesättigten" Volkswirtschaft ersetzt diese Waschmaschine für gewöhnlich ein weniger energieeffizientes Altgerät und führt so zu einer Verminderung des Stromverbrauches. In einer „ungesättigten" Volkswirtschaft dagegen führt der Ersterwerb einer Waschmaschine zu einer Steigerung des Lebensstandards und zu einer Erhöhung des Stromverbrauches, unabhängig von der Energieeffizienz des Gerätes.

Wendekreis	Der nördliche und südliche W. liegen auf 23°26'16" nördlicher und südlicher Breite. Sie begrenzen die scheinbare jahreszeitliche Wanderung der Sonne.
Winkelfunktionen	Die W. (Sinus, Kosinus, etc.) beschreiben die Abhängigkeiten zwischen Strecken und Winkeln in einem Kreis. Damit werden beispielsweise **zyklische** Ereignisse mathematisch beschrieben.
zyklisch	nach einer impliziten Gesetzmäßigkeit regelmäßig wiederkehrend; zyklische Ereignisse sind zum Beispiel der Tagesablauf, der Mondumlauf, eine Wechselspannung ...

Literaturverzeichnis

[1] Bjørn Lomborg: Cool it!: Warum wir trotz Klimawandels einen kühlen Kopf bewahren sollten, Deutsche Verlags-Anstalt, ISBN-10: 3421043531

[2] Hans-Werner Sinn: Das grüne Paradoxon, Econ Verlag
ISBN-10: 3430200628, ISBN-13: 978-3430200622

[3] Michael Crichton:
[3.1] Jurassic Park, Droemer Knaur (1998)
ISBN-10: 3426711273 ISBN-13: 978-3426711279
[3.2] Beute, Blessing - Originaltitel: Prey
ISBN-10: 3896672096 ISBN-13: 978-3896672094
[3.3] Welt in Angst, Goldmann Verlag - Originaltitel: State of Fear
ISBN-10: 3442463041 ISBN-13: 978-3442463046

[4] Radiative Forcing: IPCC Fourth Assessment Report: Climate Change 2007: Working Group I: The Physical Science Basis

[5] Solarkonstante und Exzentrizität:
http://de.wikipedia.org/wiki/Sonnenstrahlung
Letzter Zugriff am 21. Dezember 2011

[6] Sonnenflecken
http://www.pro-physik.de/Phy/leadArticle.do?laid=14138
Allgemein: http://de.wikipedia.org/wiki/Sonnenfleck
Letzter Zugriff am 15. Juni 2011

[7] Das Petition-Projekt zur Zurückweisung des Kyoto-Protokolls in den USA: http://www.petitionproject.org/ - letzter Zugriff am 8. Juli 2011

[8] US Petition Project: Überprüfung der Wissenschaftlichen Forschungsergebnisse (Summary of Peer-Reviewed Research)
http://www.petitionproject.org/review_article.php
Letzter Zugriff am 8. Juli 2011

[9] Apocalypse No! Björn Lomborg, Verlag Zu Klampen
ISBN-10: 3934920187 ISBN-13: 978-3934920187

[10] Klimaschutzbericht des IPCC für Entscheidungsträger
http://www.bmu.de/files/pdfs/allgemein/application/pdf/ipcc_entscheid
ungstraeger_gesamt.pdf - letzter Zugriff 13. Juni 2011

[11] Albert Einstein: http://de.wikipedia.org/wiki/Albert_Einstein
Letzter Zugriff am 1. Juli 2011

[12] Heinrich Schliemann: http://de.wikipedia.org/wiki/Heinrich_Schliemann - letzter Zugriff am 1. Juli 2011

[13] Remote Sensing 2011, 3, 1603-1613; doi: 10.3390/rs3081603
www.mdpi.com/journal/remotesensing
Article: On the Misdiagnosis of Surface Temperature Feedbacks from Variations in Earth's Radiant Energy Balance
Autoren: Roy W. Spencer and William D. Braswell

[14] Gerd Ganteför: Klima – Der Weltuntergang findet nicht statt
Wiley VCH, ISBN 978-3-527-32671-6

[15] Köppen, W., Wegener, A.: Die Klimate der geologischen Vorzeit, Borntraeger, Berlin 1924

[16] Paläoklima: http://www.scotese.com/climate.htm
Letzter Zugriff am 25. März 2012

[17] Abbildung 4: Klimaveränderungen in der Erdgeschichte
Gemeinfrei aus Wikipedia
Autor: Schönwiese, Christian-Dietrich, aus : Klima im Wandel, Tatsachen, Irrtümer, Risiken; Deutsche-Verlags-Anstalt, 1992
http://de.wikipedia.org/w/index.php?title=Datei:Erdgeschichte.svg&filetimestamp=20100504212019 - letzter Zugriff am 22. Mai 2011

[18] Informationen zur Aga-Kröte: http://de.wikipedia.org/wiki/Aga-Kr%C3%B6te - letzter Zugriff am 9. August 2011

[19] Idso's Umrechnung von „Radiative Forcing" in Temperatur:
http://www.mitosyfraudes.org/idso98.pdf
Letzter Zugriff am 5. Oktober 2011

[20] IPCC: Radiative Forcing of Climate Change
http://www.grida.no/climate/ipcc_tar/wg1/pdf/TAR-06.pdf
Letzter Zugriff am 7. Oktober 2011

[21] US Senate EPW Minority Report
http://hatch.senate.gov/public/_files/USSenateEPWMinorityReport.pdf - Letzter Zugriff am 28. Dezember 2011

[22] Zum CO_2-Gehalt unserer Atmosphäre und zur atmosphärischen Verweilzeit von CO_2:
[22.1] http://de.wikipedia.org/wiki/Treibhausgas
[22.2] http://de.wikipedia.org/wiki/Kohlenstoffdioxid
Letzter Zugriff jeweils am 16. Juni 2011

[23] Aufbau einer Tonne Holz aus Photosynthese:
http://www.bfafh.de/bibl/frp/frp_2-97_bfh.pdf
Letzter Zugriff 9. August 2011

[24] Ernst-Georg Beck, Dipl.Biol.: 50 Years of Continous Measurements of CO2 on Mauna, ENERGY & ENVIRONMENT, Volume 19 No. 7 2008

[25] CO_2 folgt Temperatur, http://www.biomind.de/treibhaus/50-JahreMauna.pdf - letzter Zugriff 13. Juni 2011

[26] Liste historischer Vulkanausbrüche
http://de.wikipedia.org/wiki/Liste_gro%C3%9Fer_historischer_Vulkanaus br%C3%BCche - letzter Zugriff am 17. Juni 2011

[27] Abbildung 6: Sauerstoffgehalt der Erdatmosphäre im Verlauf der letzten 1.000 Mio. Jahre
Gemeinfrei aus Wikipedia, Urheber: LordToran
http://de.wikipedia.org/w/index.php?title=Datei:Sauerstoffgehalt-1000mj.svg&filetimestamp=20101219040029
Dieses Werk wurde von seinem Urheber **I, LordToran** als **gemeinfrei** veröffentlicht. Dies gilt weltweit. In manchen Staaten könnte dies rechtlich nicht möglich sein. Sofern dies der Fall ist: *LordToran gewährt jedem das bedingungslose Recht, dieses Werk für **jedweden Zweck** zu nutzen, es sei denn Bedingungen sind gesetzlich erforderlich.* - Letzter Zugriff am 22. Mai 2011

[28] Brandenburg, John E., Paxson, Monica Rix:
Wie der Erde die Luft ausgeht. Das Ende unseres blauen Planeten. Wilhelm Heyne Verlag. München. 1999. 1. Auflage.
ISBN: 345316539X (EAN: 9783453165397 / 978-3453165397)

[29] Masse der Erdatmosphäre: http://de.wikipedia.org/wiki/Luft
Letzter Zugriff am 9. August 2011

[30] IEA International Energy Agency - Key World Energy Statistics 2010

[31] El Nino: http://de.wikipedia.org/wiki/El_Ni%C3%B1o
Letzter Zugriff am 14. Juni 2011

[32] Lord Moncktons Berechnungen zur Klimasensitivität
http://wattsupwiththat.com/2011/09/27/monckton-on-pulling-planck-out-of-a-hat/ - letzter Zugriff am 24. November 2011

[33] Svensmark: Solarer Einfluss auf die Wolkenbildung
http://www.dsri.dk/~hsv/SSR_Paper.pdf
http://www.hschickor.de/Ozon/temperatur3_2.html
Letzter Zugriff am 9. Februar 2012

[34] Fritz Vahrenholt und Sebastian Lüning:
Die kalte Sonne, Hoffmann und Kampe, ISBN 978-3-455-50250-3

[35] Archibald, D. (2007). The Past and Future of Climate. Rehabilitating Carbon Dioxide, Lavoisier Group meeting, Melbourne on 29-30 June, 2007 - http://www.nzclimatescience.org/images/ PDFs/archibald2007.pdf - Letzter Zugriff am 4. Oktober 2011
Anmerkung: Die Formeln zur Berechnung des „Radiative Forcing" werden ebenfalls zitiert in http://lv-twk.oekosys.tu-berlin.de/project/lv-twk/002-treibhauseffekt.htm#quantitativ - letzter Zugriff am 5. Oktober 2011

[36] Präfixe der Maßeinheiten:
http://de.wikipedia.org/wiki/Vors%C3%A4tze_f%C3%BCr_Ma%C3%9Feinheiten - letzter Zugriff am 15. Juni 2011

[37] Die Thermohaline Circulation aus Wikipedia
http://de.wikipedia.org/w/index.php?title=Datei:Thermohaline_Circulation.svg&filetimestamp=20091021210407 - Autoren: BlankMap-World6.svg: Canuckguy and many others - Diese Datei ist unter der Creative Commons-Lizenz Namensnennung-Weitergabe unter gleichen Bedingungen 3.0 Unported lizenziert
Thermohaline_Circulation_2.png: Robert Simmon, NASA. Minor modifications by Robert A. Rohde also released to the public domain, derivative work: Miraceti
Letzter Zugriff am 9. Februar 2012
Abbildung 13 ist damit ebenfalls unter der „Creative Commons-Lizenz 3.0 Unported" (Namensnennung - Weitergabe unter gleichen Bedingungen) freigegeben

[38] Earth Global Circulation aus Wikipedia
http://de.wikipedia.org/w/index.php?title=Datei:Earth_Global_Circulation-DE.xcf.jpg&filetimestamp=20080523073609
Diese Datei ist gemeinfrei (public domain), da sie von der NASA erstellt worden ist - letzter Zugriff am 9. Februar 2012

[39] Einführung in die Wetterkunde
Autoren: Hardy, Wright, Gribbin und Kington
Verlag Pawlak, ISBN 3-88199-217-0

[40] Informationen über Milutin Milanković und die Milanković-Zyklen sind zu finden unter:
http://de.wikipedia.org/wiki/Milutin_Milankovi%C4%87
http://de.wikipedia.org/wiki/Milankovi%C4%87-Zyklen
Letzter Zugriff am 9. August 2011

[41] Abbildung 16: Das Klima in der geologischen Vorzeit aus Wikipedia:

http://de.wikipedia.org/wiki/Datei:Koeppen_Wegener.jpg
Die Schutzdauer für das von dieser Datei gezeigte Werk ist nach den Maßstäben des deutschen, des österreichischen und des schweizerischen Urheberrechts abgelaufen.
Letzter Zugriff am 3. Juni 2011

[42] Entstehung des Mondes
http://www.uni-protokolle.de/Lexikon/Entstehung_des_Mondes.html - letzter Zugriff am 22. August 2011

[43] Die Temperaturen aus den Vostok-Eisbohrkernen
Datenquelle: Petit, J.R., et al., 2001, Vostok Ice Core Data for 420,000 Years,
IGBP PAGES/World Data Center for Paleoclimatology Data Contribution Series #2001-076. NOAA/NGDC Paleoclimatology Program, Boulder CO, USA - letzter Zugriff am 4. April 2012

[44] Formel zur Berechnung der Milancović-Zyklen:
Formel von Markus Gronotte
http://home.arcor.de/gronoworx/Gronottes.Klimaformel.htm
Letzter Zugriff am 4. April 2012

[45] Aktuelle Abkühlung des Weltklimas:
http://www.focus.de/wissen/wissenschaft/klima/tid-11927/geringe-sonnenaktivitaet-wird-sich-unser-planet-abkuehlen_aid_335520.html - Letzter Zugriff am 9. August 2011

[46] Erdwärme, Geothermie: http://de.wikipedia.org/wiki/Geothermie
Letzter Zugriff am 15. Juni 2011

[47] Temperatur im Weltraum: http://de.wikipedia.org/wiki/Universum
Letzter Zugriff am 15. Juni 2011

[48] Wikipedia: Absoluter Nullpunkt
http://de.wikipedia.org/wiki/Absolute_Temperatur
Letzter Zugriff am 15. Juni 2011

[49] Vereisungsminimum:
http://www.geosci.unc.edu/files/documents_PDF/Rials_Research/Nonlinear.pdf - letzter Zugriff am 9. August 2011

[50] Löwe, Wikipedia: http://de.wikipedia.org/wiki/L%C3%B6we
Letzter Zugriff am 7. Juni 2011

[51] German Angst

http://www.medialine.de/media/uploads/projekt/medialine/docs/bildun g/fms/um2011/fms_14_2011.pdf, letzter Zugriff am 23. August 2011

[52] Wolfgang Behringer: Kulturgeschichte des Klimas
Verlag dtv, ISBN 978-3-423-34652-8

[53] Landwirtschaft Wikipedia
http://de.wikipedia.org/wiki/Landwirtschaft, letzter Zugriff 10. Juni 2011

[54] Das 2-Grad Ziel von William D. Nordhaus (1975)
http://de.wikipedia.org/wiki/2-Grad-Ziel
Letzter Zugriff am 14. August 2012

[55.1] WBGU-Sondergutachten: Kassensturz für den Weltklimavertrag –
Der Budgetansatz - Hier: Definition eines CO_2-Budgets
http://www.wbgu.de/fileadmin/templates/dateien/veroeffentlichungen/s ondergutachten/sn2009/wbgu_sn2009.pdf
Letzter Zugriff am 12. April 2012

[55.2] Kohlenstoffbudget bei Edenhofer et al. „Globale Klimapolitik jenseits harmloser Utopien" Seite 6 unten: http://www.pik-potsdam.de/members/knopf/publications/ edenhofer_klimapolitik_wko.pdf - letzter Zugriff am 12. April 2012

[55.3] WBGU: Gesellschaftsvertrag für eine Große Transformation
ISBN 978-3-936191-46-2 (Zusammenfassung für Entscheidungsträger)
und ISBN 978-3-936191-38-7

[56] Welthandel: Zahlenquelle Statistisches Bundesamt
Statistisches Jahrbuch 2010, A.18.1 Welthandel
Quelle dort: World Trade Organization, Genf

[57] Tourismus: Zahlenquelle ITR
Tourism Market Trends, 2006 Edition – Annex
http://www.sete.gr/files/Media/Ebook/2006/110304_Tourism%20Market% 20Trends%202006%20-%20World%20Overview%20&%20Tourism%20Topics.pdf
Letzter Zugriff 14. August 2011

[58] Daten für Abbildungen 26 und 27 von:
Food and Agriculture Organization of the United Nations (FAO)
Global Forest Resources Assessment
http://www.fao.org/forestry/fra/en/
Letzter Zugriff am 20. April 2010

[59] Wikipedia: Holznot - http://de.wikipedia.org/wiki/Holznot
Letzter Zugriff am 9. August 2011

[60] Zeit Online vom 26.3.2011 - 20:11 Uhr
http://www.zeit.de/gesellschaft/zeitgeschehen/2011-03/japan-tsunami-warnung - letzter Zugriff am 9. August 2011

[61] Die Grenzen des Wachstums
Bericht des Club of Rome zur Lage der Menschheit
Deutsche Verlags-Anstalt; Auflage: 1. Ausgabe (1972)
ISBN-10: 3421026335 ISBN-13: 978-3421026330

[62] Abbildungen 28 und 32 zum globalen Ölfördermaximum
Titel: World production forecast - aus Wikipedia
created by Khebab of The Oil Drum unter License CC-BY-2.5. (Namensnennung - Weitergabe unter gleichen Bedingungen)
http://de.wikipedia.org/w/index.php?title=Datei:PU200611_Fig1.png&filetimestamp=20090907211612, letzter Zugriff am 18. April 2011
Damit ist die Abbildung 32 dieses Buches ebenfalls unter der „Lizenz CC-BY-2.5" freigegeben

[63] Abbildung 29 enthält: Oil Prices 1861-2007 aus Wikipedia created by TomTheHand - diese Datei ist unter der „Creative Commons-Lizenz 3.0 Unported" (Namensnennung - Weitergabe unter gleichen Bedingungen) lizenziert.
http://de.wikipedia.org/w/index.php?title=Datei:Oil_Prices_1861_2007.svg&filetimestamp=20090309152233
Letzter Zugriff am 18. April 2011
Damit ist die Abbildung 29 dieses Buches ebenfalls unter der „Creative Commons-Lizenz 3.0 Unported" freigegeben.

[64] Enthalten in Abbildung 31: Oil Prices 1970 – 2003 aus Wikipedia. Autor: EIA - Ⓒ free use under US Code
Letzter Zugriff am 3. Mai 2011

[65] Photovoltaik – Wikipedia
http://de.wikipedia.org/wiki/Photovoltaik, letzter Zugriff am 3. Mai 2011

[66] Die FDP zum Atomausstieg
Quelle: ZEIT ONLINE, Datum: 7.6.2011 - 07:57 Uhr
http://www.zeit.de/politik/deutschland/2011-06/FDP-Atomausstieg-Kritik - letzter Zugriff 8. Juni 2011

[67] BMU-Bildungsmaterialien Sekundarstufe
Klimaschutz und Klimapolitik
http://www.bmu.de/bildungsservice/bildungsmaterialien_sek_i/ii/fuer_lehrer/doc/41730.php
Siehe auch: http://www.umweltdaten.de/publikationen/fpdf-l/3919.pdf - Letzter Zugriff am 5. Juni 2011

[68] Subvention für die Subvention: „Strom muss bezahlbar bleiben", Interview mit Hannelore Kraft im Hamburger Abendblatt vom 14. Juni 2011

[69] Gesetzesänderung zum Erlass von Netzentgelten:
http://www.buzer.de/gesetz/9837/a172491.htm
Letzter Zugriff am 14. Dezember 2011

[70.1] Stromimporte: Mehr Atomstrom aus dem Ausland
FOCUS 37/2011 Seite 160
Dort ebenfalls lesenswert: Selbstmord aus Angst vor dem Tod, Seiten 102 und 103
[70.2] Zeit Online: Stromnetz drohte Zusammenbruch
http://www.zeit.de/news/2012-02/16/energie-stromnetz-drohte-zusammenbruch-16122202 - letzter Zugriff am 12. April 2012

[71] Zitat von Prof. C. C. von Weizsäcker aus:
http://www.ktg.org/documentpool/ktg/2010_11_ehrenmitgliedschaft_vor trag_alt.pdf - letzter Zugriff am 14. Juni 2011

[72] Klimagate: http://ef-magazin.de/2009/11/22/1666-dreiste-manipulation-der-wichtigsten-temperaturdaten-zur-welttemperatur-nicht-mehr-auszuschliessen-climatgate--klimagate - Letzter Zugriff am 28. Juni 2011
Originale auf: http://junksciencearchive.com/climategate.html
Letzter Zugriff am 4. Oktober 2011

[73] Nico Stehr und Hans von Storch: Klima, Wetter, Mensch
Verlag Barbara Budrich, ISBN-10: 3866492286

[74] Robert Gerwin: Die Welt-Energieperspektive
Nach dem IIASA-Forschungsbericht – vorgelegt von der Max-Planck-Gesellschaft, Deutsche Verlags-Anstalt 1980
ISBN 3-421-02716-1

[75] Gefahr durch Stickstoff für die Lüneburger Heide
http://www.abendblatt.de/region/niedersachsen/article2177722/Studie-Der-Klimawandel-gefaehrdet-das-Heidewasser.html
Letzter Zugriff am 5. Februar 2012

[76] Eduard Pestel: Jenseits der Grenzen des Wachstums
Bericht an den Club of Rome, Deutsche Verlags-Anstalt 1988,
ISBN 3-421-06393-1

[77] Zitat von Vaclav Klaus: http://www.wbms.de/index.php?option=com_content&view=section&layout=blog&id...
S. auch: http://www.klaus.cz/clanky/198

Letzter Zugriff am 23. Dezember 2011

[78] Vortrag von MR Werner Ressing (BWMi 2008): Nationale und internationale Klimaschutzpolitik aus wirtschaftspolitischer Perspektive
http://www.klimaskeptiker.info/index.php?seite=download/
Ressing_VortragPotsdamerInstitut.pdf - letzter Zugriff am 23. Mai 2012

[79] Thomas Rietzschel: Die Stunde der Dilettanten
Verlag Zolnay, ISBN 978-3-552-05554-4 - Zitat: Seite 81 unten

[80] Daten für die Globalstrahlung:
http://wwww.klima-potsdam.de - letzter Zugriff am 9. Februar 2012

[81] Usoskin, Schüssler, Solanki und Mursula: Solar Activity over the last 1150 Years: Does it correlate with Climate?
http://wwww.mps.mpg.de/dokumente/publikationen/solanki/c153.pdf
Letzter Zugriff am 9. April 2012

[82] http://press.web.cern.ch/press/pressreleases/releases2011/
downloads/CLOUD_SI_press-briefing_29JUL11.pdf
Letzter Zugriff am 13. Mai 2012

[83] Dr. H. Hug (1998): Die Klimakatastrophe - ein spektroskopisches Artefakt? - http://uploader.wuerzburg.de/mm-physik/klima/artefact.htm
Letzter Zugriff am 31. März 2012

[84] The Global Warming Debate: A Review of the State of Science
M.L. KHANDEKAR, T.S. MURTY, and P. CHITTIBABU
Pure appl. geophys. 162 (2005) 1557–1586, Birkhäuser Verlag, Basel, 2005

[85.1] http://wwww.pik-potsdam.de/institut/organisation
[85.2] http://wwww.europeanclimate.org/de/ueber-uns/beirat
Letzter Zugriff am 23. April 2012

[86.1] Die ökonomische Prospect Theorie:
http://de.wikipedia.org/wiki/Prospect_Theory
[86.2] Der Endowment Effekt:
http://en.wikipedia.org/wiki/Endowment_effect
Letzter Zugriff am 5. August 2012

Liste der Abbildungen ([ ] = Fremdabbildungen)

Abb. 1: Der gesamte jährliche CO_2-Kreislauf 19
Abb. 2: Die gesamte Erdgeschichte 35
Abb. 3: Die Erdgeschichte seit der Kreide 36
Abb. 4: Klimaveränderungen in der Erdgeschichte [17] 39
Abb. 5: CO_2-Gehalt unserer Erdatmosphäre 46
Abb. 6: Sauerstoffgehalt der Atmosphäre [27] 51
Abb. 7: Zur Herkunft des Sauerstoffs in unserer Atmosphäre 54
Abb. 8: Aufteilung der Sonneneinstrahlung auf unserer Erde 56
Abb. 9: Einzelbeiträge zum natürlichen Treibhauseffekt 57
Abb. 10: Das Erdjahr im Sonnenumlauf 63
Abb. 11: Strahlungsintensität mit der geographischen Breite 65
Abb. 12: Die Breitenabhängigkeit der Sonnenstrahlung 67
Abb. 13: Die globalen Strömungssysteme **mit [37] und [38]** 70
Abb. 14: Schwankung der Sonneneinstrahlung auf 50° N 71
Abb. 15: Die jahreszeitliche Sonneneinstrahlung in 50° N 72
Abb. 16: Das Klima in der geologischen Vorzeit [41] 75
Abb. 17: Vostok-Temperaturen und Milancović-Zyklen 79
Abb. 18: Durchschnittstemperatur seit der letzten Eiszeit 86
Abb. 19: Der industrielle CO_2-Ausstoß im 20. Jahrhundert 90
Abb. 20: Die Entwicklung der Weltbevölkerung 91
Abb. 21: Hochrechnung für den industriellen CO_2-Ausstoß 92
Abb. 22: Versorgungslogistik im letzten Jahrhundert 94
Abb. 23: Versorgungslogistik nach der Globalisierung 96
Abb. 24 A+B: Entwicklung des Im- und Exportaufkommens 98
Abb. 25: Entwicklung des Tourismus 99
Abb. 26: Entwicklung der Waldflächen auf unserer Erde 102
Abb. 27: Das Potential der Waldflächen zum Abbau von CO_2 103
Abb. 28: Szenarien für das Ölförderungsmaximum [62] 124
Abb. 29: Die Wirtschaftlichkeit von KW-Ressourcen **mit [63]** 126
Abb. 30: Ressourcen nach dem Ölförderungsmaximum 128
Abb. 31: Die Ölkrise von 1973/74 **mit [64]** 129
Abb. 32: Marktverhalten nach dem Ölfördermaximum **mit [62]** 130
Abb. 33: Die Windsysteme unserer Erde 135
Abb. 34: Jahresmittelwert der Globalstrahlung 185
Abb. 35: Der Treibhausbeitrag von CO_2 188
Abb. 36: Der ökonomische „Endowment Effekt" 199

www.ingramcontent.com/pod-product-compliance
Lightning Source LLC
Chambersburg PA
CBHW071207240526
45470CB00018B/1530